AI绘画实战

Midjourney
从新手到高手

李良基◎著

北京大学出版社
PEKING UNIVERSITY PRESS

内 容 提 要

本书以目前AI领域中非常主流的绘画工具之一Midjourney为核心，介绍了Midjourney绘画的各种使用方法与技巧。

全书共7章，详细介绍了Midjourney的基础知识、指令、参数、进阶操作技巧，以及大量实操案例。本书从最基础的知识讲起，详细介绍Midjourney生成作品的全流程，能够为零基础的读者提供全面指导，帮助他们快速掌握AI绘画技能；同时本书也适合具备一定绘画基础，希望进一步探索和应用AI技术的读者阅读，帮助读者快速上手Midjourney，掌握AI绘画的各种技能。

本书适合对AI绘画感兴趣的零基础读者，以及有一定AI绘画基础的读者阅读。

图书在版编目(CIP)数据

AI绘画实战：Midjourney从新手到高手 / 李艮基著. — 北京：北京大学出版社，2024.1

ISBN 978-7-301-34582-5

Ⅰ.①A… Ⅱ.①李… Ⅲ.①图像处理软件 Ⅳ.①TP391.413

中国国家版本馆CIP数据核字（2023）第202987号

书　　　名	AI绘画实战：Midjourney从新手到高手
	AI HUIHUA SHIZHAN：Midjourney CONG XINSHOU DAO GAOSHOU
著作责任者	李艮基　著
责任编辑	王继伟　杨　爽
标准书号	ISBN 978-7-301-34582-5
出版发行	北京大学出版社
地　　　址	北京市海淀区成府路205号　100871
网　　　址	http://www.pup.cn　　新浪微博：@北京大学出版社
电子邮箱	编辑部 pup7@pup.cn　　总编室 zpup@pup.cn
电　　　话	邮购部 010-62752015　发行部 010-62750672　编辑部 010-62570390
印刷者	北京宏伟双华印刷有限公司
经销者	新华书店
	787毫米×1092毫米　16开本　14印张　243千字
	2024年1月第1版　2024年1月第1次印刷
印　　　数	1—4000册
定　　　价	89.00元

自 序
FOREWORD

回望人类发展的历史，每一次大的生产力变革背后无不是带有变革性的技术的诞生，如火种开启了人类刀耕火种的农业社会，蒸汽机的出现引发了影响世界格局的工业革命，互联网的普及引爆了彻底改变人类生产生活方式的信息革命……这些信息我们大多数人都能娓娓道来，但是对于漫漫历史长河中，人类所经历的科技与艺术的融合，大家又了解多少呢？

达·芬奇曾说过："艺术借助科技的翅膀才能高飞。"科技与艺术的发展历史其实可以追溯到人类文明的起源。早期的人类生产力水平低下，但是已经懂得利用石器、壁画这种简易的方式来表达自己的创造力和审美观念，而现在，一个名唤AI的猛兽正气势汹汹地向我们袭来，拥有着使各行各业脱胎换骨的惊人气息。那么，日益发展的AI将给作为普通人的我们带来什么呢？

这是我给大家抛出的第一个问题。

AI的发展是极其迅速的，迅速到颠覆我们的认知已经成为一种常态；你能想象出上一秒你还在兢兢业业地为客户画着方案的初稿，下一秒隔壁一个四四方方的薄方块脑袋就已经给出了数十种完整的方案设计，并且根据客户的喜好在短短几秒内完成修改的场景吗？能够想到AI通过超凡算力，自动分析海量的科学文献和实验数据，发现新的科学规律和洞见，加速科学研究进程的惊艳吗？

看到这里，你可能认为这还只是臆想或者睡梦中的场景，但很不幸的是，这样的场景正不断出现在各类职场之中，并且正以摧枯拉朽的气势席卷人类世界的所有行业。

在这次不可逆转的AI变革大潮来临之际，我看到许多艺术爱好者与专业人士对AI绘画抱有浓厚的兴趣，却因为缺乏合适的学习资料和指导而无法深入探究的窘境；作为专注AIGC（生成式人工智能）知识领域的知识类博主，我深感需要为此做出一份努力，这也是我编写本书的初衷。

Midjourney作为AI绘画领域的杰出代表，理所应当地被当作此次"料理"的"主菜"，"是什么—为什么—怎么做"这个看似简单但富含哲学的流程一直是处理复杂问题的最优解，而这个逻辑放在本书中依然无比适用。

此次，我以作者的身份，为广大读者，无论其艺术背景与经验如何，提供一本全面、实用的Midjourney学习手册。它涵盖了Midjourney的基础知识、操作指令、参数设定和进阶技巧，包含了丰富的实操案例，可以帮助大家从零开始，系统掌握AI绘画的全套流程与方法。从基础概念到高级应用，力图为大家全面呈现Midjourney的魅力与价值，并向大家详细展现Midjourney在绘画领域中的应用与实战技巧。

无论您是一个对AI绘画充满好奇心的艺术爱好者，还是一个专业的艺术家或设计师，我希望这本书能够激发你的创造力，让你敢于尝试新的艺术方式，为你提供一些有趣的想法和实用的技巧。创造力是无限的，而AI绘画正是帮助我们开启创造力的一把钥匙。

最后，我要感谢所有为本书提供支持和帮助的人们，尤其是那些在AI绘画领域做出杰出贡献的研究者和艺术家。感谢你们的努力和创造力，将我们带进了这个令人兴奋的领域。

愿本书能够激发您的创造力，在新时代的浪潮里和您一起探索AI绘画的奇妙世界。

前言 PREFACE

AIGC（Artificial Intelligence Generated Content，人工智能生成内容）是AI从1.0时代进入2.0时代的重要标志，能生成文字、图片、影像等内容。自ChatGPT（全称Chat Generative Pre-trained Transformer，是一款聊天机器人程序）等大语言模型开启新AI时代后，AIGC生态就以前所未有的速度成长。

在2018年，一幅名为《爱德蒙·贝拉米肖像》的作品在佳士得拍卖行以432,500美元的高价拍出。这幅肖像画是由一个名为Obvious的法国艺术团体使用GAN算法生成的。与传统肖像画不同，这幅画没有真实的人物参照，也没有艺术家手工润色和改进，完全是由算法生成的。这次拍卖引发了人们对AI绘画和传统绘画的思考和讨论。一些人认为这幅画的价值主要在于背后的算法和技术，而不是其实际的艺术价值；另一些人则认为这幅画代表了AI技术的一种新的应用和探索。

AI绘画作为AIGC领域用户端应用最耀眼的存在，已经完成从绘画工具到"灵魂画手"的转变。AI绘画和人类传统绘画之间明显的区别，主要有以下4点。

• AI绘画是由计算机算法生成的，而人类传统绘画则是由艺术家创作。在AI绘画中，算法会根据规则和数据生成图像，而艺术家需要依靠感觉、经验和技巧进行创作。

• AI绘画生成的图像通常更准确和规律，而人类传统绘画更注重艺术家的个性和创造力。AI绘画可以根据给定的参数和数据生成各种艺术作品，但这些作品可能缺乏真正的情感和创造性。人类传统绘画更注重艺术家的情感和表达，作品展示了艺术家的风格和个性。

• AI绘画具有更高的生产效率和灵活性。使用AI绘画工具，人们可以快速生成大量不同风格和主题的艺术作品，并根据需要进行修改和优化。而人类传统绘画需要更长的时间和精力进行创作。

· AI绘画和人类传统绘画对艺术市场的影响也不同。AI绘画可以快速生成大量艺术作品，可能对艺术市场造成一定冲击，引发争议和质疑；而人类传统绘画更强调艺术家的个性和创造力，更容易得到艺术市场和大众的认可。

AI绘画和人类传统绘画之间存在明显的区别，在实际应用中，我们需要根据不同的需求选择适合自己的绘画方式和工具。通过深入了解和探索AI绘画与人类传统绘画之间的联系和差异，我们可以更好地利用AI绘画为自己服务。

我们在众多AI绘画工具中选择了Midjourney，它可以根据用户的文本描述生成拟真的图像与艺术作品。它被托管在Discord服务器上，对初学者友好，使用简单，生成的图像质量高、速度快，用户可以通过使用Midjourney，快速掌握AI绘画的相关技巧。

本书读者对象

· 对AI绘画感兴趣的普通读者；

· 设计、游戏、电商、教育、建筑等行业从业人员；

· AI创业者、企业主；

· AI软件开发者；

· 各类院校学习AI绘画的学生；

· 各类AI培训机构。

扫描下方二维码，输入资源提取码：34582，可观看正文中提及的视频演示。

目 录
CONTENTS

03

第 3 章 指令学习

参数学习 第 4 章

05
第 5 章 进阶操作

06
实操案例 第 6 章

第 7 章 其他

准备工作

什么是AI绘画？

AI绘画，顾名思义就是利用人工智能进行绘画，是人工智能生成内容（AIGC）的一个应用场景。其主要原理简单来说就是收集大量已有作品数据，通过算法对它们进行解析，最后再生成新作品。算法是AI绘画的核心，是它爆火的核心所在。

2022年上半年，AI绘画工具突然爆火，Stable Diffusion、Midjourney、DALL·E 2、文心一言等AI工具纷纷进入大众的视野中，它们都处在同一个赛道中，即"Text-to-Image"（文字生成图像），又叫"以文生图"，用户只需输入一段图片的文字描述，AI绘图工具便可将其画出来。

 # AI绘画有什么用？

有了这些AI绘画算法，即使是零基础的人也可以创作出相当高质量的数字艺术作品。这里所指的"作品"范围极为广泛，可以是传统绘画手法生成的素描、油画、国画、水彩画等，也可以是最新绘画形式生成的漫画、3D建模、摄影作品、海报设计、剪纸艺术、建筑设计等。只要是当前通过显示屏展现的视觉图像，AI算法基本上都可以实现。

在游戏开发、工业设计、影视特效等领域，AI经过短期训练就可以辅助美工完成一些程序化工作，不仅可以节省成本，还能产生意想不到的效果。例如，游戏开发行业除了需要程序员与项目经理精确沟通之外，还存在一个让人头痛的问题，那就是开发人员与美工之间的沟通。开发人员往往无法准确表达需求，美工只能靠摸索进行创作，这就会导致大量返工。AI可以根据氛围、光照、风格、质感等关键词批量生成草图，在此基础上，开发人员和美工可以迅速理解彼此的需求。

让美工绘制数百种不重复的花朵，可能会遭到美工的"痛打"，但AI可以轻松生成上万张图片供我们选择。开发人员可以将脑海中突然想到的创意交给AI，加入一些关键词，重复测试，看看生成的图片是否符合自己的"感觉"。而"感觉"这个词，往往是美工创作的噩梦，但AI显然可以不知疲倦地满足任何"无理"的要求，来帮助我们找到"感觉"。

1.3 AI绘画前景如何？

AI绘画在未来有很大的前景，因为它具有以下几个方面的优势。

自动化：可以通过算法和数据自动化生成图片，减少人工操作和错误，提高效率和准确性。

精度高：可以利用深度学习和人工神经网络等技术对大量的图片进行学习和训练，从而提高绘图的精度和质量。

可扩展性强：可以通过学习和训练来不断提高其绘图能力和生成图片的品质，随着技术的不断发展，其绘图的应用范围也会不断扩大。

可定制化：可以根据用户的需求进行定制，根据不同的绘图场景和目的，生成不同的绘图结果。

应用广泛：可以应用于多个领域，如设计、建筑、艺术、医疗、教育等，为人们提供更加便捷和高效的绘图解决方案。

1.4 非设计师群体如何把握趋势？

即使读者没有绘画基础，也完全可以借助AI绘画工具，尽情释放自己的想象力。例如，为自己和宠物创作赛博分身，为孩子制作独家绘本，设计专属的盲盒、T恤，甚至还可以画出理想的家的样子，做出室内设计图。非设计师只需要学会使用AI绘画工具就可以直接化身"十年功底的老工匠"。

AI绘画可以让非设计师省去1万小时在绘画基本功上的刻意练习时间，可以把这些时间放在实现更多的创意和想法上。有经验的人可能对此并不认同，但老工匠的创作与艺术家的创作各有千秋，就像手工打造的家具和批量生产的家具各有市场一样。

1.5 设计师群体如何把握趋势？

AI绘画可以为设计师提供更多的设计灵感和创作元素。AI绘画可以模仿人类绘画的艺术风格，为设计师提供更多的参考和灵感，使设计师可以更加轻松地完成作品。

AI绘画可以提高设计效率和质量。与传统的绘画方式相比，AI绘画可以通过自动化和算法优化，快速生成高质量的设计作品，节省设计师的时间和精力。但是，AI绘画也可能对设计师造成威胁，它可能会取代一些设计师，特别是一些简单的设计任务，如图标设计、平面设计等，使设计师的就业机会受到影响。

设计师群体可以将AI绘画工具作为辅助工具，来帮助自己快速实现设计想法，获得更多的创意灵感。设计师群体需要不断地学习和更新自己的技能，研究和探索AI绘画的潜力和应用方法，将其应用到更广泛的设计领域中，从而更好地适应未来的设计趋势。

1.6 为什么是Midjourney？

目前有3款比较流行的AI绘画工具：OpenAI旗下的DALL·E、Midjourney、开源的Stable Diffusion。这3种AI绘画工具又可以分为两个方向：一个是以Stable Diffusion为代表的图像生成模型，比如Web UI、Comfy UI等界面；另一个是以Midjourney为代表的由第三方提供的AI绘画平台，比如Adobe Firefly、Discord等。

前者拥有高度定制化的自由度，后者拥有第三方维护优化的便捷。

如果读者想要训练自己的模型，比如画出自己喜欢风格的画，或需要将实体物品映射给AI，让AI全方位地基于这个物体画画，那么请选择前者；如果希望快速入门AI绘画，海量打造自己的专属作品，那么请选择后者，它可以让我们以更低的时间和金钱成本进行创作。Midjourney无疑是目前最便捷的选择，它自身没有独立的应用程序，通过搭载在游戏应用社区Discord中运行，让全世界的Midjourney爱好者可以一起在线交流和学习，创作出更优质的AI绘画作品。

1.7 Midjourney 付费会员

目前Midjourney官方没有提供试用服务，只有付费会员才能使用Midjourney进行创作。Midjourney官方提供了如下4种付费计划，具体价格以读者付费订阅时为准。

基础计划：每月快速模式下200分钟（约200张）的作图时间，relax模式即需要在服务器排队，排队完成后自动生成图片，3个并发快速作图。

标准计划：每月快速模式下15小时（约900张）的作图时间，无限制relax模式，3个并发快速作图。

Pro计划：每月快速模式下30小时（约1800张）的作图时间，12个并发快速作图，且带隐私模式。

Mega计划：每月快速模式下60小时（约3600张）的作图时间，12个并发快速作图，且带隐私模式。

4种计划的主要区别是Midjourney的"作图时间"，出图质量都是一样的，具体选择哪种计划，请读者根据需要自行选择。

1.8 注册 Discord

Discord是由美国Discord公司开发的一款专为社群设计的免费网络实时通话软件与数字发行平台，主要针对游戏玩家、教育人士及商业人士，用户可以在聊天频道通过文字、图片、视频和音频进行交流。这款软件可以在Microsoft Windows、 macOS、Android、iOS、Linux和网页上运行。Discord最初是为游戏玩家交流而创建的，目前有多种注册并使用Discord和Midjourney的方式，现分享一种较为简单的。

打开Discord官网，如图1-1所示。

图1-1　Discord官网主页

因为笔者已经下载并安装好本地Discord程序，所以图1-1中标记1处显示为打开本地的Discord客户端。标记2处表示下载Discord程序，如果读者使用的是Windows系统，图1-1中标记2处会显示为"Windows版下载"。读者根据实际情况进行下载即可，不同系统的Discord操作界面和功能是相同的。标记3处表示通过网页在线使用Discord。

如果读者还没有下载Discord程序，图1-1将显示为"Login"按钮。用鼠标单击"Login"按钮进入登录界面，如图1-2所示。

如果读者已有Discord账号，直接登录即可。如果没有，则单击图1-2中标记1处的"注册"按钮，进入注册页面，然后根据规定填入相应的电子邮件、用户名、密码。需要注意的是，年龄必须选择18周岁以上。输入注册信息后，单击"继续"按钮，此时会弹出验证程序，如图1-3所示。

图1-2　Discord登录界面

图1-3　验证程序

单击图1-3中的"我是人类"选项，然后根据提示完成验证。

创建自己的服务器

完成人机验证后，就会进入创建服务器页面，如图1-4所示。

如果读者收到了其他Discord用户的邀请，可以单击图1-4中最下方的标记2处，加入其他人已经创建好的服务器。如果读者想创建自己的服务器，单击图1-4中标记1处的"亲自创建"，在新页面中单击"仅供我和我的朋友使用"，进入自定义服务器页面，如图1-5所示。

图1-4　创建服务器

图1-5　自定义服务器

单击图1-5中标记1处"UPLOAD"上传一张自己喜欢的图片作为服务器的头像。单击标记2处的输入框，自定义自己的服务器名称，然后单击图1-5中的"创建"按钮，进入Discord主界面，其顶部会提示验证邮箱的信息。接下来读者需要去刚刚注册的邮箱中找到Discord发送的验证邮件，单击邮件中的"验证电子邮件地址"，如图1-6所示。

会看到验证成功提示，如图1-7所示。

图1-6　邮件验证

图1-7　验证成功

此时回到Discord主界面，界面显示祝贺读者顺利完成Discord的账号注册。

添加Midjourney频道

完成自定义服务器创建后，还需要将Midjourney机器人添加到刚创建好的服务器中。在图1-7的主界面中，单击主界面左上方的"探索可发现的服务器"按钮，如图1-8所示，会进入Discord社区界面，如图1-9所示。

图1-8　探索可发现的服务器

图1-9 Discord社区界面

由于Midjourney是Discord程序中最火的应用，所以排在第一位，如图1-9所示中的标记1。如果读者没有看到Midjourney，可以在图1-9中标记2处的搜索框中输入"Midjourney"。单击Midjourney选项进入Midjourney服务器，如图1-10所示。

初次进入Midjourney服务器，会弹出话题推荐。此时我们单击图1-10

图1-10 初次进入Midjourney服务器

中的"我就是随便逛逛"，回到Midjourney服务器后，顶部将出现"加入Midjourney"按钮，如图1-11所示。

您当前正处于预览模式。加入该服务器开始聊天吧！ 加入 Midjourney

图1-11 加入Midjourney

单击图1-11中"加入Midjourney"按钮后，根据要求完成人机验证，然后单击界面右上方的"显示成员名单"按钮，如图1-12所示。在弹出的成员列表中找到"Midjourney Bot"，如图1-13所示。单击"Midjourney Bot"选项后，在弹出的页面中单击"添加至服务器"按钮，如图1-14所示。

图1-12　显示成员名单

图1-13　Midjourney Bot

图1-14　添加至服务器

完成"添加至服务器"操作后，会弹出选择服务器页面，如图1-15所示。

先单击图1-15中标记1处的下拉按钮，选择刚创建好的服务器，比如笔者刚创建的是"BaiMaoMao"，然后单击图1-15中标记2处的"继续"按钮。弹出授权页面，保持默认勾选状态，单击"授权"按钮。根据要求完成人机验证后就会看到授权成功界面，如图1-16所示。

图1-15　选择服务器

图1-16　授权成功

单击图1-16中的"前往BaiMaoMao"，就会来到我们自己创建的服务器中，欢迎界面如图1-17所示。

至此我们就将Midjourney Bot拉入自己的服务器中。

图1-17 欢迎界面

(1.11) 接受协议

在图1-17最下方的输入框中，输入英文字符"/"，弹出Midjourney的指令窗口，如图1-18所示。

选择图1-18中最顶部的"/imagine"指令或在输入框输入"imagine"，输入框会自动加上"prompt"，如图1-19所示。

图1-18 指令窗口

图1-19 输入框变化

此时在prompt后面的输入框中随便输入一个单词，比如"Cat"，然后按回车键，会弹出接受协议窗口。单击"Accept ToS"按钮接受协议，就会弹出订阅通知。

 ## 1.12 完成Midjourney的第一幅作品

当完成付费订阅并接受协议后，就可以让Midjourney来帮助我们绘图了。

在输入框中输入"/"，然后键入或直接用鼠标选择"imagine"指令，输入"Cat eye macro photography --v 5.2"，如图1-20所示。

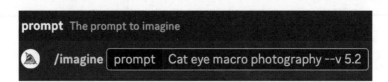

图1-20　提示内容

输入完成后，按回车键，会看到Midjourney开始执行我们的指令，如图1-21所示。

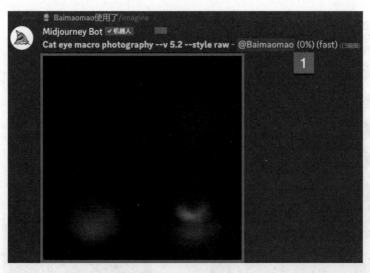

图1-21　执行窗口

图1-21中矩形框内容会随着标记1的进度变化而产生变化，当数字达到100%后，会看到Midjourney生成了一幅含有4张小图的图片，如图1-22所示。

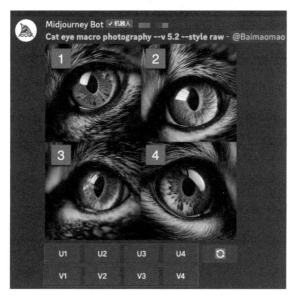

图1-22　结果展示

图1-22中的数字标记分别对应第1张、第2张、第3张、第4张图像。

U：放大某张图片，完善更多细节内容。U1、U2、U3、U4按钮分别表示对第1张、第2张、第3张、第4张图片执行放大操作。

V：按照所选图片，生成风格类似的4张新图。V1、V2、V3、V4按钮分别表示对第1张、第2张、第3张、第4张图片执行重新生成操作。

刷新按钮 🔄 表示按照提示词重新生成图片。

因为图1-22中有我们满意的作品，所以我们不需要刷新，直接将其挑选出来即可。例如，如果喜欢第一张，就单击"U1"按钮，如图1-23所示。

图1-23　选择U1

稍等片刻Midjourney就会展现出我们所选图片的大图，如图1-24所示。

图1-24 U1大图

图1-24下方的不同按钮具有不同的功能，这里读者不用过分关注，后续我们都会讲到。最后单击图1-24中矩形框内"Web"按钮或者单击图片，然后选择"在浏览器中打开"选项来保存我们的第一幅作品，如下图1-25所示。

图1-25 第一幅Midjourney作品

祝贺读者用Midjourney生成了第一幅AI大作，是不是非常神奇？

Chapter
02

第 2 章

基础知识

Midjourney 术语介绍

在前文我们生成了第一幅AI绘画作品，现在可以粗略了解Midjourney中的一些术语，这样在后续阅读中就不会因为概念混淆而影响学习。为了方便读者理解，我们先对图1-20进行一些标注，如图2-1所示。

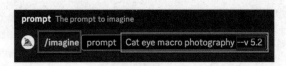

图2-1　提示内容解析

图2-1中最左侧的红色矩形框"/imagine"表示"生成图"。输入"/"表示要使用Midjourney的"指令"，"/×××"就表示使用×××指令，不同指令可以让Midjourney执行不同的操作。在输入框中输入"/"，会弹出如图1-18所示的指令提示窗口。一次只能使用一条指令来让Midjourney生成图片，按下回车键发送后，才可以再次输入新的指令。不同指令的具体操作详见第3章。

在Midjourney世界中，prompt后面的内容叫作"提示"，如图2-1中黄色矩形框中内容所示。在国内，一些Midjourney爱好者将提示称为"咒语"，毕竟通过一段话就能创造出神奇的图像，是多么有趣的事情。本书后续统一使用"提示"表示prompt后输入的内容。提示内容不仅可以是文本，也可以是图片链接。

提示中的紫色矩形框"--v 5.2"表示使用5.2版本的Midjourney。"--"在Midjourney中表示"参数"，"--×××"就表示×××参数，只能作为后缀添加在提示最后，用于调整相关的属性。格式为

--参数+空格+参数的值

多个参数间要用"空格"隔开，如果后面的参数与前面的参数有功能上的重叠，靠后的参数优先级更高，会覆盖前面参数的功能，不同参数的具体介绍详见第4章。

在Midjourney中参数和指令必须按照官方规定使用，不能出现拼写错误或凭空杜撰，必须使用Midjourney预先定义好的单词。

2.2 **Discord 界面重要功能介绍**

无论读者使用Discord的本地应用程序还是网页端，界面和功能都是一致的。笔者后续都将使用本地Discord应用程序。读者可以根据偏好选择本地应用程序或网页端。接下来我们介绍Midjourney最常用的一些功能，如图2-2所示。

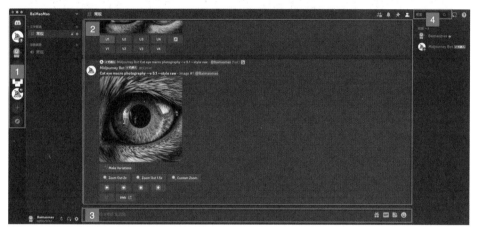

图2-2　功能介绍

图2-2中标记1处为服务器列表显示区域，其以图标形式依次显示以下类型的服务器：读者自定义，加入由其他用户创建的服务器，添加的官方机器人。为了保证AI绘画记录的唯一性，尽量不要加入其他用户创建的服务器。

图2-2中标记2处为Midjourney绘制和生成图的区域，绘制记录都会保存在这里，通过滚动鼠标就可以查阅创作纪录，也可以通过在标记4处的搜索栏输入关键字，来快速找到已创建的作品。

图2-2中标记3处为提示输入框，后续用到的"输入框"如果没有特殊说明，默认都表示这里。如果读者加入其他用户创建的服务器或频道，也可以通过在该输入框输入内容完成与其他好友进行对话、点评他人作品等操作。

右击图2-2中我们自定义的服务器Logo（小狮子图像），会弹出设置菜单，如图2-3所示。

在图2-3中最常用的设置就是"编辑服务器个人资料"，读者可以在这里修改服务器的图标和名称，如图2-4所示。

图2-3　自定义设置　　　　　　　　图2-4　编辑服务器个人资料

单击图2-4左上角"我的账号"选项可以修改用户名、密码等个人资料。

读者如果需要创建自己的频道并与他人分享，可以单击图2-3中的"创建频道"选项。一旦有了自己的频道，就可以根据兴趣来设置相应的"类别"和"活动"。我们可以把服务器想象成一栋"大楼"，把每个频道当作楼中独立的办公室，在办公室里可以与好友进行聊天互动。

2.3　通过文字描述生成作品

在1.12节，我们是通过用文字描述生成作品的关键字来让Midjourney进行绘图。

为了展示得更清楚，后续就不采用图1-20的截图形式，而是直接给出prompt后面的"提示"内容，读者自行输入即可。如果提示中要用到多个有意义的单词或句子，必须用逗号隔开。例如，输入提示"猫，游泳 --v 5.1 --ar 3∶4"，按下回车键发送指令，生成如图2-5所示的作品。--ar参数将在后文介绍。

注意，在Midjourney中若想获得更好的效果，提示必须用英文。为方便阅读，本书直接给出中文，读者在自行生成图像时，可将中文描述输入翻译软件，译成英文后复制粘贴到Midjourney的输入框。

图2-5　生成作品

在Midjourney中使用如此简单的提示内容，就能生成类似图2-5这么写实的作品，足见Midjourney功能的强大。

我们再在输入框中/imagine后输入一段"高级"的提示。

平面，矢量，剪贴画，印象派卡通，异想天开的猫家庭，Andy Kehoe和Skottie Young的风格，Keith Haring，风格化，细节化，冒险时间，分层2D艺术 --s 200 --ar 9∶16 --v 5.2"

按下回车键发送指令，生成如图2-6所示的作品。

图2-6　生成作品

生成图2-6的提示就是一条复杂的"高级"提示，读者现阶段不用去深究，只需知道如果想让Midjourney创造出优质的图片作品，简单的几个单词组成的提示远远不够。经过长时间摸索，笔者发现一条高级提示最好按照如下框架来定义：

主体内容、环境背景、构图、视角、参考艺术家、图像参数。

主体内容：告诉Midjourney要画的主体内容。

环境背景：氛围、场景、光感等。

构图：规则构图、黄金分割、对角线构图等。

视角：仰视图、侧视图、俯视图等。

参考艺术家：参考指定艺术家的绘画风格等。

图像参数：设置生成图像的尺寸、质量、风格化等。

以上这些内容都属于进阶操作，详见第4章和第5章。

2.4 通过融图生成作品

首先我们准备好两张样图，建议分别是"人物主体"和"风景"照，人像图片尽量精简，太复杂会不可控。这样Midjourney出图时，既有人物主体又有背景的色调和纹理。图片最好是PNG或JPG格式。

在输入框中输入"/blend"指令，如图2-7所示，然后按下回车键发送指令，弹出的上传文件界面如图2-8所示。

图2-7　/blend指令

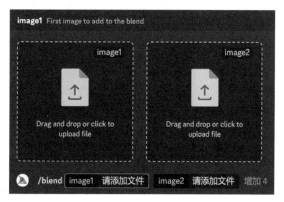

图2-8　上传文件界面

从图2-8可知Midjourney默认上传两张图片，依次单击图2-8中的"image1"和"image2"，找到事先准备好的两张样图并上传，或者依次将样图拖入"image1"和"image2"选框，如图2-9所示。

图2-9　上传样图

完成上传样图操作后，按下回车键，执行"融图"操作，生成图片如图2-10所示。

图2-10　融图作品

融图操作尽量保证样图简单，不要有过多的元素，这样才能使色调和风格产生较好的融合效果。如果想上传多张图片，单击图2-8中的"增加4"，在弹出的界面中选择"image3"就可以继续添加新的样图，如图2-11所示。

单击图2-11矩形框中的"dimensions"选项，会弹出融图尺寸设置选项，如图2-12所示。

图2-11 添加新样图

图2-12 融图尺寸设置选项

图2-12中的"Protrait"表示生成作品比例为2:3，Square表示生成作品比例为1:1，Landscape表示生成作品比例为3:2。读者根据需要选择比例即可。

 ## 2.5 通过样图结合文字生成作品

我们准备好一张或多张样图，这里继续使用图2-9中用到的两张样图。单击输入框中最左侧的"+"，在弹出的窗口单击"上传文件"或直接双击两次"+"按钮，如图2-13所示。

在弹出的窗口选择要上传的图片，如图2-14所示，然后按下回车键，此时就能将样图发送给Midjourney服务器，如图2-15所示。

图2-13 上传文件

图2-14 上传样图

除了上面的操作，还可以直接用鼠标将样图拖曳到Discord程序中进行上传，读者根据偏好选择上传方式即可。样图上传完成后右击图2-15中的小女孩，然后在弹出的界面中单击"复制链接"选项，如图2-16所示。

图2-15　完成上传　　　　　　　　　　图2-16　复制链接

接下来在输入框中输入"/imagine"指令，粘贴刚才复制的链接（按快捷键"Ctrl+V"），再按下空格键，然后添加提示：

迪士尼风格

按下回车键发送指令，生成作品如图2-17所示。

图2-17　生成作品

如果是多张样图，那么每个链接都用"空格"隔开，如图2-18所示。按下回车键，生成作品如图2-19所示。

图2-18　多个链接操作

图2-19　生成作品

图2-18中马赛克部分为上传样图的链接地址，读者以自己上传的样图链接为准。样图只能是PNG、GIF、WebP、JPG或JPEG格式。

V1 到 V5 版本的区别

截至2023年6月，Midjourney推出了V1到V5共5个大版本。最早发布的是V1版本，数字越大表示发布时间越靠后。下面我们通过一条简单的提示"长着翅膀的猫"，来对比各个版本的区别。

V1版本生成作品，如图2-20所示。

图2-20中提示主体的猫脸部和身体都出现了扭曲，画风非常抽象。

图2-20　V1版本生成作品

V2版本生成作品，如图2-21所示。

图2-21中提示主体的猫脸部和身体较V1版本有了提升，但还会有扭曲和不真实感，生成的图片随机性较强。

图2-21　V2版本生成作品

V3版本生成作品，如图2-22所示。

V3版本较前两个版本展现出了较大的差异，但比较难通过生成的图片一眼辨认出这是猫咪，并且4张图片也展现出了较大的随机性。

图2-22　V3版本生成作品

V4版本生成作品，如图2-23所示。

V4版本整体风格偏写实，效果较之前的版本有大幅提升，但写实程度还差一些。

图2-23　V4版本生成作品

V5版本生成作品，如图2-24所示。

图2-24　V5版本生成作品

V5版本效果非常逼真，感觉就像是摄影作品，细节刻画非常真实。

从图2-20到图2-24可以看出Midjourney有如下几个进化方向。

第一，细节越来越丰富，生成的内容也越来越真实。V1版本和V2版本基本上就是简笔画，前景和背景的处理都很粗糙，到了V3版本背景和透视都变得更加合理，V4版本基本进入可用状态。

第二，分辨率越来越高。V1～V3版本单图分辨率是256×256，到了V5版本单图分辨率已经默认是1024×1024。

第三，参数更多，V5版本支持的很多参数并不能用在之前的版本中，并且以前的版本不太能理解一些词的具体含义，但到了V5版本，其理解能力大大增强。

第四，艺术风格词变得更重要。这个结论暂时没有得到官方的认证，甚至有很多人认为V5版本是个更"通用"的版本。笔者的理解是V5版本提高了生成作品的"及格线"，不需要太多提示，就能生成一个"可以看"的作品。

2.7 V5.1 版本特点

Midjourney的V5.1版本相较V5版本在以下方面得到了提升。

（1）增强短提示的产出质量。

（2）新增"RAW Mode"（原始模式）。

（3）提示更精准，减少了不必要的算法发散。

（4）文本识别能力增强。

（5）减少了不必要的边框。

（6）提高了生成图片的清晰度。

V5.1版本需要手动开启"RAW Mode"模式，在输入框中输入"/settings"指令，按下回车键，选择"MJ version 5.1"和"RAW Mode"，如图2-25所示，或者直接在提示最后添加"--v 5.1 --style raw"。"/settings"指令用法详见第3章。

图2-25 开启RAW Mode模式

此时在/imagine后输入提示（需翻译为英文）：

长着翅膀的猫

提示中并未指定版本号，按下回车键发送指令，Midjourney自动帮我们加上刚设置好的"--v 5.1 --style raw"指令，如图2-26所示，生成作品如图2-27所示。

图2-26 自动添加指令

图2-27 V5.1版本生成作品

图2-27相较V5版本生成的图2-24拥有更多细节，整体画质也更加清晰。因为使用"Raw Mode"整体效果也会更加写实。如果读者不需要太写实的效果，可以在图2-24设置时不选择Raw Mode，直接使用V5.1版本。V5版本可以实现的效果，V5.1版本全部可以实现，甚至效果更佳。

V5.1版本另一个独到之处就是提升了生成英文文本的能力。/imagine输入提示：

英语单词，Logo

V5版本、V5.1版本和V5.1版本的Raw Mode模式生成效果对比如图2-28所示。

图2-28　生成作品

图2-28中V5.1版本比V5版本能更好地识别英文单词，并且制作成Logo类的图像效果更好。在之前的版本中，英文单词大概率会被识别为相关图形。如果需要更丰富的表现力，建议不要使用RAW Mode。

2.8 V5.2版本特点

Midjourney中V5.2版本相对于V5.1版本有如下提升。

（1）更写实的美学系统。

（2）High Variation Mode（高变化模式）。

（3）增加了提示优化"/shorten"指令。

（4）增加了Vary（Strong）和Vary（Subtle）标签。

（5）增加了Zoom Out缩放标签。

（6）增加了上下左右扩图标签。

在输入框中输入"/settings"指令，按下回车键，选择"MJ version 5.2"选项，如图2-29所示，或直接在提示最后添加"--v 5.2"参数。

图2-29　设置V5.2

图2-29中设置了Remix Mode模式，设置High Variation Mode（高变化模式），可以使生成的图片更加多样化，人物更加逼真。如果不需要更多样化的结果，则切换为Low Variation Mode（低变化模式），并不是更加多样化生成的图片就会更优秀。经笔者测试，高变化模式下可能需要尝试多次才能得到理想结果。注意：高变化和低变化模式仅限于在V5.2版本中使用。

此时在/imagine后输入提示：

长着翅膀的猫

提示中并未指定版本，按下回车键发送指令，Midjourney自动帮我们加上刚设置好的"--v 5.2"指令，生成作品如图2-30所示。

图2-30　V5.2版本生成作品

图2-30相较V5.1生成的图2-27，整体画质更加清晰，分辨率更高，整体风格更加写实，构图也更加合理。猫的翅膀和颜色能很好地统一起来，光影效果也更加逼真。经笔者测试，V5.2版本在人像表情和动作效果渲染上更加写实，拥有摄影作品般的真实质感。

单击图2-30下方任意一个U按钮放大图片进行查看，比如U1，此时界面新增了一些标签，如图2-31所示。

图2-31中标记1处的"Vary（Strong）"标签就是以U1为基础进行调整后生成4

图2-31 新增标签

张相似的图片。单击"Vary（Strong）"标签会弹出提示框，如图2-32所示，如果不需要修改提示，直接单击"提交"按钮，生成作品如图2-33所示。读者也可以根据需要对提示进行修改后再提交。

图2-32 修改提示

图2-33 生成作品

图2-33以原图为基础进行细节微调，猫的动作、眼神及翅膀细节都出现了变化。

Vary（Subtle）标签就是以U1为基础进行微调后生成4张类似图。单击Vary（Subtle）标签会弹出提示框，如果不需要修改提示，直接单击"提交"按钮，生成作品如图2-34所示。

图2-34　生成作品

图2-34相较图2-33整体动作变化幅度更小，与原图相似度更高。注意：Vary标签仅限于在V5.2版本中使用。低于V5.2的版本放大图片后，没有Vary标签可选。

图2-31中标记2处的Zoom Out 2x标签表示将图片缩小到原来的1/2，Zoom Out 1.5x表示将图像缩小到原来的2/3；Custom Zoom标签表示自定义缩放比例。如果是宽度比高度尺寸小的图片，还会有Make Square标签，表示以方形尺寸缩放。单击图2-31下方的Zoom Out 2x标签，生成图像如图2-35所示。单击图2-31下方的Zoom Out 1.5x标签，生成图像如图2-36所示。

图2-35　Zoom Out 2x作品

图2-36　Zoom Out 1.5x作品

对比图2-35和图2-36的缩放效果可知，2x相当于将图像缩小到原来的1/2后，填充其他相关内容细节。1.5x相当于将图像缩小到原来的2/3后，填充其他相关内容细节。如果此时选择相应的图像放大后，可以继续使用缩放功能，此过程可以无限重复下去。通过缩放功能可以将不完整的场景或人物变成全景。但请注意：Zoom Out会将原图缩小后填充新内容，多次缩放后精度必然下降，周围会出现更多黑色区域。

如果需要更精确的缩放值，请使用自定义缩放Custom Zoom。单击图2-31下方的Custom Zoom标签，弹出提示框如图2-37所示。此时我们可以修改提示，如添加"some flowers（一些花）"，如图2-37标记1处所示。

图2-37　Custom Zoom

图2-37中除了可以修改提示外，还可以设置参数--ar（图像尺寸）和--zoom（扩展值）。--zoom参数只能设置为1到2之间的值。--ar参数可以设置为我们需要的尺寸。例如，可以将这两个参数修改为"--ar 1:1 --zoom 2"，修改完成后单击图2-37中的"提交"按钮，生成图像如图2-38所示。

图2-38　Custom Zoom生成作品

图2-38中图像缩小到原来的1/2，并且添加了花朵的细节。如果需要多次缩放，使用Custom Zoom标签补充细节就可以去除生成作品中不必要的黑色部分。读者还可以使用Zoom Out标签对喜欢的图像进行扩图，在缩放过程中不断增加新的细节，最终将连续的图片做成"穿越式"短视频，该功能尤其适用于场景类图片的缩放。笔者基于Custom Zoom做了一段视频演示，读者可以扫描前言中的二维码进行观看。

图2-31中标记3处的左、右、上、下4个方向的箭头标签，表示按照箭头方向进行扩图。该功能常用于风景图。输入提示：

一幅山水画，宁静的田园风光，宏伟的规模，宁静与和谐，景泰蓝主义，象形想象，金色和蔚蓝 --v 5.1

按下回车键发送指令，生成作品如图2-39所示。

图2-39　生成作品

使用V5.1版本的"U2"按钮进行放大。然后单击向左的箭头标签，如图2-40所示，弹出提示框，不需要修改任何提示，直接单击"提交"按钮，生成作品如图2-41所示。

图2-40　单击向左的箭头标签

图2-41　生成作品

图2-41相较图2-40中的原图，向左边绘制了更多的内容，从中选择一张比较满意的图片，比如U3，放大后，只剩下"左、右"方向键，如图2-42所示。

图2-42　生成作品

如果使用了左右扩图，就不能使用上下扩图。反之，用了上下扩图就不能使用左右扩图。不断重复这个过程就能制作出连续的场景图。注意：用箭头方法扩图不会把原来的内容进行缩放，它在基于原图在指定方向上扩图的同时，保持原图精度不变。

在演示"/shorten"指令用法前，先输入提示：

一件艺术作品，描绘了黑色背景下的一只白色的、毛茸茸的狐狸，采用内恩·托马斯的风格，雕刻复杂，浅海蓝宝石和金色，谢尔盖·马什尼科夫，洛里·厄尔利，动物雕像，精致的服装细节 --ar 3:4 --v 5.2

按下回车键发送指令，生成作品如图2-43所示。

图2-43　生成作品

在输入框中输入"/shorten"指令，输入生成图2-43的英文提示，如图2-44所示。

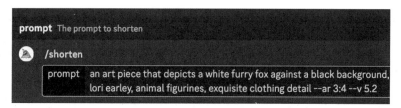

图2-44 "/shorten"指令演示

输入完成后按下回车键，出现如图2-45所示的提示内容。

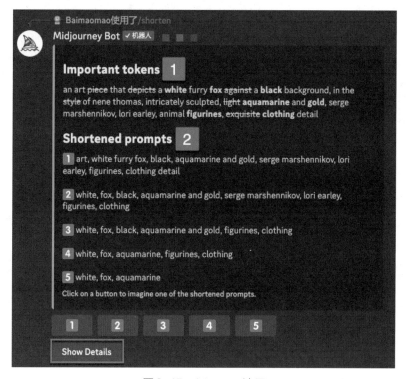

图2-45 /shorten 演示

图2-45中标记1处被划掉的词，比如"exquisite"，就是Midjourney机器人认为"不需要"的无效提示词汇。图2-45中标记2处是Midjourney机器人提供的更精简的提示，单击任意一个数字标签都会按照所选数字标签的内容，弹出提示框，如果不需要修改，直接单击"提交"按钮即可。

单击图2-45中的"Show Details"显示细节标签，出现如图2-46所示的提示内容。

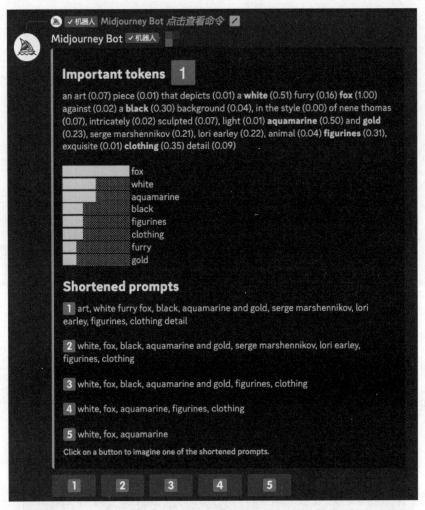

图2-46　显示细节

　　图2-46标记1处的内容是Midjourney机器人给出的提示中各个词汇的权重值从大到小的排序图，其中fox拥有最高权重1，是本条提示的核心。图2-46中下方数字标签和图2-45中一样，都是精简版提示，具体效果，读者可以自行测试。通过使用"/shorten"指令可以让Midjourney机器人来帮助提示"瘦身"，我们也可以根据权重来更好地学习如何写一条优质提示。

Chapter
03

第 3 章

指令学习

指令用于创建图像、更改默认设置及执行其他有用的任务。通过输入指令用户就可以与Midjourney进行交互，目前我们用过的指令包括/imagine、/settings和/shorten。在Discord程序输入框中输入英文字符"/"就能输入我们需要的指令。

本章我们将学习更多指令的详细用法。

3.1 /imagine【生成图像】

/imagine指令用来根据输入的提示生成图像，是Midjourney中最基本的指令。在前文我们都是通过使用/imagine指令来生成图像。

3.2 /settings【设置】

/settings指令用来设置Midjourney相关属性，在输入框中输入/settings，然后按下回车键发送指令，弹出界面如图3-1所示。

图3-1　/settings指令

图3-1中笔者使用的是V5.2版本，随着Midjourney后续版本更新，该页面各

个标签的位置可能会发生变化，读者以自己界面中标签位置为准，同名标签功能都是一样的。

图3-1中的绿色标签表示"当前"设置。各标签介绍如下。

（1）"MJ version 5.2"表示使用V5.2版本。

（2）"Stylize med"表示生成基础质量且与提示较相关的图像。

（3）"Public mode"表示公共模式。

（4）"Remix mode"表示微调模式。

（5）"High Variation Mode"表示高变化模式。

（6）"Fast mode"表示快速出图模式。

单击其他标签即可完成设置的切换。接下来根据图3-1中序号的顺序，逐行解释每个功能。

第1行和第2行表示Midjourney的版本号，绿色标签表示当前使用版本。如果我们想切换到V4版本，直接单击"MJ version 4"即可。该操作与4.3节的"--v"参数功能相同，可用来切换Midjourney版本，通过/settings指令设置的版本相当于默认选项，可以被"--v"参数覆盖。例如，图3-1中设置了V5.2版本，如果提示中的"--v"参数为v5，那么Midjourney最终会按照V5版本渲染图像，读者根据需要进行选择即可。后续版本更新还会出现以下拉框形式显示的不同版本，读者以自己的界面为主。

第2行中的后两个标签"Niji version 4"和"Niji version 5"可以用来生成动画风格的作品，笔者建议优先使用2023年4月上线的"Niji version 5"。例如，在图3-1中，将版本设置为"Niji version 5"，在输入框中输入提示时，会自动添加"--niji 5"参数，如图3-2所示。Niji用法详见5.15节。

图3-2　Niji参数

第3行前四项表示风格参数，有low、med、high、very high 4种模式，生成图像的艺术性依次增强（越来越符合提示的描述），消耗的GPU额度也依次增加。

Stylize low相当于--s 50，Stylize med相当于--s 100，Stylize high相当于--s 250，Stylize very high相当于--s 750。--s参数用法详见4.5节。

第4行中的Public mode是公共模式，即所有人都可以看到生成的图像。在本行Pro会员和Turbo会员的界面还有Stealth mode（隐身模式），即只有自己能看到生成的图像。Remix mode是微调模式，可以对局部风格进行调整，选中它后，在进行重新生成等变化操作时可以在输入框中修改或添加新的提示，提示框样图2-32，如果取消设置Remix mode，那么在单击变化类标签（V、Vary、Cutstom Zoom、方向键）时直接按照原始提示执行变化操作。High Variation Mode和Low Variation Mode仅作用于V5.2及后续版本，如果版本低于V5.2，即使选中也不会生效。

第5行中的Turbo mode是极速出图模式，Fast mode是快速出图模式，Relax mode是慢速出图模式，最后的Reset Settings表示一键恢复到Midjourney默认设置。

Midjourney之前的版本中还会出现"Half quality、Base Quality、High quality（2x cost）"标签，它们表示图片的质量参数，质量越高，图片效果越好，其中默认质量参数是Base quality，即基础质量。选择最高的"High quality（2x cost）"则生成最佳的图片质量，但渲染时间也最长、消耗GPU额度也会最多。Half Quality相当于"--q 0.25"，Base Quality相当于"--q 0.5"，High Quality相当于"--q 1"，"--q"参数用法详见4.2节。

 ## 3.3 /describe【反推提示】

/describe指令可以根据用户上传的图像生成4段提示。在输入框中输入/describe，然后按下回车键发送指令，弹出界面如图3-3所示。

单击图3-3中矩形框中准备好上传的图，或者将图像拖曳到图3-3中的矩形框中，如图3-4所示。

完成上传后，按下回车键发送指令。Midjourney生成了4段提示，如图3-5所示。

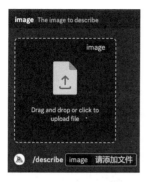

图3-3 /describe指令

图3-5 生成提示

图3-4 上传图像

图3-5中有4组提示,最下面的数字标签"1、2、3、4"依次对应上面的4段提示。单击指定序号,就可以用对应提示生成图像。也可以直接单击"Imagine all"标签将提供的4组提示全部生成,时间消耗相当于单个标签的4倍。如果对图片都不满意,可以单击◯标签重新生成。

例如,如果我们觉得第2条提示描述得比较清晰,就单击标签2,弹出提示提交页面,如图3-6所示。

如果我们想继续优化该提示,可以在图3-6中的输入框对内容进行修改。修改完成后,直接单击"提交"按钮,生成作品如图3-7所示。

图3-6 提交按钮

图3-7　生成作品

　　图3-7中的作品和图3-4原图并非一模一样，只是整体风格趋于一致。如果读者看到一张心仪的图像作品，又不知道如何写提示，就可以使用/describe指令让Midjourney给出提示，然后进行相应的修改。/describe指令与前文介绍的"垫图"操作结合使用会产生更理想的效果。

 ## 3.4 /info【相关信息】

　　"/info"指令用来查看账户的订阅信息和工作模式信息等。在输入框中输入/info指令后，按下回车键发送指令，弹出界面如图3-8所示。每位读者订阅的内容不同，显示信息就会不同。

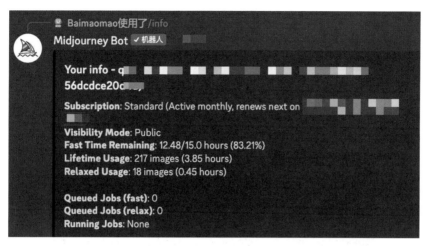

图3-8　/info 指令

图3-8中各项信息指代的内容如下。

Subscription：订阅时间。

Visibility Mode：可见模式。

Fast Time Remaining：快速模式剩余时长。

Lifetime Usage：服务资源使用时长。

Relaxed Usage：轻松模式使用时长。

Queued Jobs(fast)：快速模式排队作业。

Queued Jobs(relax)：轻松模式排队作业。

Runing Jobs：运行作业。

不同账户的使用时长各不相同，请读者以自己的数据为主。当Midjourney正在进行渲染时，最下方的3个指标会显示正在进行的时间消耗。

 3.5 /blend【图像混合】

/blend指令可以将两张或多张上传图像混合起来产生新的图片，这些内容在前文"融图模式"中有详细介绍，这里不做过多解释。补充一个容易被忽略的点：混合后生成的图像默认长宽比为1:1，可以通过"dimensions"将长宽比设置为"Portrait、Square、Landscape"，即"人像、正方形、风景照"的图像通用尺寸比例。这三个值依次代表的比例为"3:2、1:1、2:3"。

融合两张比例不一样的图，如图3-9所示。

图3-9　/blend指令

单击图3-9中标记1处的"增加4"，然后在弹出的提示框中选择"dimensions"，此时在提示中出现dimensions标签，选择或输入"Portrait"，如图3-10所示。

图3-10　设置尺寸

按下回车键发送指令，默认设置为V5.1版本，生成作品如图3-11所示。

图3-11　生成作品

从图3-11中可以看出，修改比例会影响生成效果，关于混合后的图像比例设置，读者需要根据上传图像原始比例自行调整。

3.6 /fast【快速模式】

/fast指令用来让Midjourney开启"Fast Mode"（快速模式）。Midjourney默认采用fast模式，在输入框中输入/fast，然后按下回车键发送指令，弹出界面如图3-12所示。

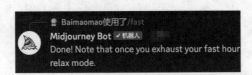

图3-12　设置快速出图模式

通过/fast指令设置快速出图模式等同于通过/settings指令设置，Midjourney会按照发送指令前的设置进行渲染。不同级别的付费订阅，每月可用的GPU时间不同，每月订阅GPU时间就是快速模式时间。设置/fast指令后，Midjourney将按最高优先级处理任务，消耗订阅的GPU时间。不管哪种级别的付费订阅，快速模式用完后，都需要额外支付相应的费用来购买时长。

根据笔者使用观察，处理文本出图的任务，需要40到50秒的GPU时间。放大图片或使用非标准纵横比可能需要更多时间。创建V模式变体或使用较低的--q值只需消耗少量的时间。影响时长成本的常见因素对比如表3.1所示。

表3.1　影响时长成本的常见因素

类型	更低成本	平均成本	更高成本
工作类型	V模式	/imagine	U模式
纵横比	—	默认1:1	高或宽
模型版本	—	默认--v 4	--test或--testp
质量参数	--q 0.25或--q 0.5	默认--q 1	--q 2
停止参数	--stop 10或--stop 99	默认--stop 100	—

在运行一个任务时，可以使用/info指令来查看当前剩余的GPU时长。

/relax【慢速模式】

/relax指令用来让Midjourney开启"Relax Mode"（慢速模式）。Midjourney默认采用fast模式，因为relax模式需要在服务器排队，有时快有时慢，排队完成后才会生成对应图像。在输入框中输入/relax，然后按下回车键发送指令，弹出界面如图3-13所示。

图3-13　启动慢速模式

通过/relax指令设置慢速模式等同于通过/settings指令设置，Midjourney会按照发送指令前的设置进行渲染。只有标准、Pro或Turbo会员才能使用/relax指令，基础会员无法使用该指令。如果读者购买的时长快用完了，某些不着急出图的任务就可以切换为"无限出图"的relax模式。

 ## /turbo【极速模式】

/turbo指令用来让Midjourney开启"Turbo Mode"（极速模式）。在输入框中输入/turbo，然后按下回车键发送指令，弹出界面如图3-14所示。

图3-14　启动/turbo

通过/turbo指令设置极速出图模式等同于通过/settings指令设置，Midjourney会按照发送指令前的设置进行渲染。极速出图模式生成图像的速度是快速模式的4倍，大约需要消耗15秒的GPU时间，是快速模式的2倍。如果没有特殊需求，读者使用快速出图模式即可。

3.9 /ask【官方解惑】

/ask指令可以用来向Midjourney机器人提问并获取Midjourney官方提供的帮助信息。在输入框中输入 / ask，在弹出界面中question后面的输入框中输入"How to write higher quality prompt（如何编写更优质的提示）"，如图3-15所示，然后按下回车键发送指令，弹出界面如图3-16所示。

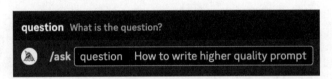

图3-15　/ask提问

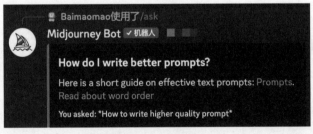

图3-16　解答

Midjourney将与问题相关的参考答复以"蓝色"超链接形式呈现，读者单击图3-16中的"Prompts"或"Read about word order"就可以跳转到相关文章。注意：请用英文来描述问题。

(3.10) /help【帮助】

/help指令用来显示Midjourney提供的有价值的帮助信息。在输入框中输入
/help，然后按下回车键发送指令，弹出界面如图3-17所示。

图3-17　/help

图3-17中是Midjourney给出的帮助文档链接，根据问题查阅相关文档即可。

(3.11) /show【重新生成】

/show指令可以结合任务ID生成原图片。注意：ID值必须为自己账户生成的
图像的ID值，其他用户的作品是不可以的。例如，我们可以根据自己已生成的作
品ID "d8ea4002-9f6b-4713-b74c-6c09d2d6da28" 来复制原图，读者请用自己作品
的ID进行测试。在输入框中输入/show，然后键入ID值，如图3-18所示。按下回
车键发送指令，就会生成前文如图3-7所示的作品。

使用/show指令，不仅
可以根据图片ID重现对应图
像，也可以将其移动到自己
的另一个服务器上，恢复已

图3-18　设定ID

第3章　指令学习

055

生成的图像。生成图像后可以通过放大或使用新的参数使其产生新的变化。

(3.12) /stealth【隐身模式】

/stealth指令用来开启隐身模式，即只有自己能看到生成的作品，其他人无法看到。注意：只有Pro会员和Turbo会员才能使用/stealth指令，基础和标准会员无法使用该指令。

(3.13) /public【公共模式】

/public指令用来开启公共模式。在Midjourney中默认个人生成的作品对所有人开放。

(3.14) /prefer remix【微调模式】

/prefer remix指令用来对图像进行微调，它与图3-1中第4行的"Remix mode"标签功能一样。如果已开启Remix mode模式，那么在输入框中输入/prefer remix，按下回车键发送指令，会弹出关闭"Remix mode"提示界面，如图3-19所示。

👤 Baimaomao使用了 /prefer remix

Midjourney Bot ✔机器人

Remix mode turned off! You can always turn this on by running /prefer remix again.

图3-19 关闭Remix mode模式提示

再次发送/prefer remix指令，就能开启Remix mode模式，弹出开启"Remix mode"模式提示界面，如图3-20所示。

图3-20　开启Remix mode模式提示

/prefer remix和"Remix mode"相当于同一个开关，都可以开启或关闭微调模式。

 /prefer auto_dm【发送确认】

/prefer auto_dm指令将图像渲染完成的提示以私信形式发送给我们。在输入框中输入/prefer auto_dm，按下回车键发送指令，弹出开启提示，如图3-21所示。

开启提示，每次完成图像渲染后，在Discord界面左上方服务器Logo处会出现提示，如图3-22所示。该提醒功能是默认关闭的。

图3-21　开启提醒

图3-22　完成提示

如果不需要每次完成都提醒，再次发送/prefer auto_dm指令就可以将该功能关闭。

/prefer option set【自定义选项】

/prefer option set指令用于创建或管理自定义参数。通过该指令可以将常用的

参数或提示进行打包。例如，笔者经常需要设置参数"--ar 3:4 --q 2 --no red"（尺寸3:4，质量2，不要有红色），如果不想每次都在提示中添加，就可以通过自定义选项来保存上面的参数组，之后只需调用该自定义选项即可。在输入框中输入/prefer option set指令，按下回车键发送，弹出界面如图3-23所示。

在图3-23中标记1处输入要自定义的名字，如"myPara"，然后单击标记2处的"增加1"，在弹出界面选择"value"，此时输入框如图3-24所示。

图3-23　开启自定义　　　　　　图3-24　自定义设置

然后在value后面的输入框中输入我们要指定的值"--ar 3:4 --q 2 --no red"，如图3-25所示。按下回车键发送指令，弹出的界面如图3-26所示。

图3-25　设置value值

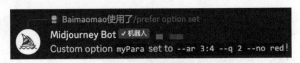

图3-26　自定义设置确认

后续在任意提示最后添加"--myPara"，等同于添加"--ar 3:4 --q 2 --no red"。自定义选项的value值中除了可以设置参数，还可以设置提示。我们可以通过/prefer option list指令查看自定义选项。

3.17　/prefer option list【查看自定义选项】

/prefer option list指令用于查看自定义选项。在输入框中输入/prefer option list

指令，按下回车键发送指令，弹出的界面如图3-27所示。

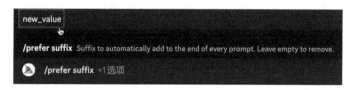

图3-27　查看自定义参数

从图3-27中可以看出我们已自定义了两个参数："myPara和cutePanda"，cutePanda中自定义了常用的提示和参数。

 3.18　/prefer suffix【自动添加后缀】

/prefer suffix指令可批量在提示的最后添加指定后缀参数。在输入框中输入/prefer suffix，按下回车键发送指令，在弹出的界面中选择"new_value"，如图3-28所示。

图3-28　设置后缀

然后在new_value后面的输入框中输入要添加的后缀，比如"inventive character designs --s 750 --q 2"（富有创意的角色设计，--风格化 750 --质量 2），如图3-29所示。按下回车键发送指令，显示添加成功，如图3-30所示。

图3-29　设置后缀内容

图 3-30　设置后缀成功

后续我们输入任何提示时，/imagine 输入提示：

机器人熊猫

按下回车键发送指令，Midjourney 将自动添加后缀内容，如图 3-31 所示，生成作品如图 3-32 所示。

图 3-31　自动添加后缀

图 3-32　生成作品

图3-31中矩形框内就是自动添加的后缀内容。注意，/prefer suffix 指令只能添加参数不能添加提示，图3-32的提示"inventive character designs"其实并没有生效。如果不再需要自动添加指定后缀，再次发送/prefer suffix 指令就能将其取消，如图3-33所示。

图3-33　取消添加后缀

请读者根据创作需要确定是否使用固定后缀。

 ## /prefer variability【开启高变化】

/prefer variability 指令用于开启高变化模式，它与图3-1中第4行的"High Variation Mode"标签的功能一样。该指令仅作用于V5.2及后续版本，如果版本低于V5.2，即使设置该指令也不会生效。

 ## /shorten【精简提示】

"/shorten"指令用来让Midjourney机器人帮助我们精简输入的提示，前文已有介绍。

参数学习

在Midjourney中，可以通过在提示最后添加参数的方式，让用户自定义图片尺寸、风格、创意、版本等。需要注意的是，"--"后必须使用英文字符。参数只能添加到提示的末尾，可以添加多个参数。

4.1 --ar 或 --aspect【图像尺寸】

"--ar"或"--aspect"参数可以用来调整图像尺寸。图像尺寸即Midjourney生成作品的纵横比（aspect ratio）。老版本（V1到V4）使用--aspect参数，V5及后续版本既可以使用--ar，也可以使用--aspect。为了方便记忆，读者直接使用--ar即可。

V4版本--ar $a:b$ 中的 $a:b$ 只支持1:1、3:2或2:3。V5版本则要求 a 和 b 是整数，不能出现小数，比如2:1.8是不行的。如果不指定--ar，则默认生成作品尺寸为1:1的正方形。

以下是一些常见的尺寸比例。

--ar 1:1：默认纵横比。

--ar 3:4：社交平台小红书常用尺寸。

--ar 5:4：常见的框架和打印比例。

--ar 16:9：高清电视或笔记本屏幕比例。

--ar 9:16：智能手机屏幕。

在Midjourney中，--ar 16:9与--ar 1920:1080表示相同的图像尺寸。

4.2 --q 或 --quality【图像质量】

--q或--quality参数可以用来调整生成图像的质量。图像质量表示生成作品的精细程度。老版本（V1到V4）使用--quality，V5及后续版本既可以使用--q也可以使用--quality。为了方便记忆，读者直接使用--q即可。

　　--q用来设置生成作品的质量，其有3个值："0.25、0.5、1"，默认值为1，值越大，表示图像细节越多，渲染时间越多。输入0.25到0.5之间的数值其实都可以，但较大的数值会被四舍五入到个位。/imagine输入提示：

　　一只可爱的熊猫在雪地上玩耍，前景中有鲜花，美丽的天空，美丽的灯光 --v 5.2 --q *a*

　　*a*值依次设置为"0.25、0.5、1"，按下回车键发送指令，生成作品依次如图4-1至图4-3所示。

图4-1　*a*值为0.25

图4-2 *a*值为0.5

图4-3 *a*值为1

通过对比图4-1至图4-3可知，a值越大，渲染时间越长，图像细节也刻画得越好。例如，花朵和熊猫的毛发更加有质感。

质量设置不会影响分辨率，并不是q值越大图像越清晰，有时较低的q值对于生成某些类型的图像反而效果更好。根据笔者的经验，较低的q值适合生成抽象类型图像，较高的q值适合生成细节较多的图像。

(4.3) --v 或 --version【版本选择】

--v或--version参数可以用来选择Midjourney底层不同的算法模型。老版本（V1到V4）使用--version，V5及后续版本既可以使用--v也可以使用--version。为方便记忆，读者直接使用--v即可。

--v a（a为整数1、2、3、4、5、5.1、5.2）表示Midjourney的版本，直接输入"--v 5"，系统会自动添加"style5b"。直接输入"--v 5"或"--style5a"才可以切换另一种风格，部分参数在V1到V5版本中的兼容性如表4.1所示。

表4.1　版本兼容性

参数	V5	V4	V3	Niji
--ar	无限制	1:2或2:1	5:2或2:5	1:2或2:1
--s	0～1000	0～1000	625～60000	×
--q	√	√	√	√
--iw	√	×	√	×
--no	√	√	√	√
--c	√	√	√	√
--seed	√	√	√	√
--stop	√	√	√	√
--tile	√	×	√	×

对于初学者来说，一般不需要指定--v，默认使用V5及后续版本即可。后续案例中会在提示最后标出使用的版本。

4.4 --c 或 --chaos【变化程度】

　　--c 或 --chaos 参数用于调整生成图像的变化程度。变化程度表示生成图像的创意程度。老版本（V1 到 V4）使用 --chaos，新版本 V5 既可以使用 --c 也可以使用 --chaos。为方便记忆，读者直接使用 --c 即可。

　　--c 默认值为 0，支持 0 ～ 100 范围内的任意整数，/imagine 输入提示：

　　一只可爱的熊猫在雪地上玩耍，前景中有鲜花，美丽的天空，美丽的灯光 --c a

　　a 值依次为"0、50、100"，按下回车键发送指令，生成作品依次如图4-4至图4-6所示。

图4-4　a 值为0

图4-5　*a*值为50

图4-6　*a*值为100

对比图4-4至图4-6可知，--c参数影响生成图像的变化程度，其数值越低，生成的图像越相似，还能保持熊猫的主体形象；数值越高，风格、构图上的差别会越大，甚至会产生意料之外的作品。例如，图4-6中出现了非熊猫的图像。

4.5 --s 或 --stylize【风格化程度】

--s或--stylize参数可以用来调整生成图像的风格化程度。风格化程度表示生成图片与提示之间的相关程度。老版本（V1到V4）使用--stylize，新版本V5既可以使用--s也可以使用--stylize。为方便记忆，读者直接使用--s即可。

不同版本Midjourney具有不同的风格化范围，取值范围如表4.2所示。

表4.2　--s取值范围

参数	V5、V5.1、V5.2	V4	V3	Niji 5
默认值	100	100	2500	0
取值范围	0 ～ 1000	0 ～ 1000	625 ～ 60000	0 ～ 1000

--s默认值为100，数值范围为0 ～ 1000中的任意整数，/imagine输入提示：

一只可爱的熊猫在雪地上玩耍，前景中有鲜花，美丽的天空，美丽的灯光 --v 5.2 --s a

a值依次为"0、50、250、650、1000"，按下回车键发送指令，生成作品依次如图4-7至图4-11所示。

图4-7　a值为0

图4-7 a值为0（续）

图4-8 a值为50

AI 绘画实战

Midjourney 从新手到高手

图4-9 *a*值为250

图4-10 *a*值为650

图4-10 *a*值为650（续）

图4-11 *a*值为1000

--s参数的数值越高，图片的艺术性越强，同时生成图片和提示的偏差也会越大。对比图4-7至图4-11，--s数值在650时整体图像效果最佳。在前文介绍了Midjourney打包好的--s标签，其中，Style low相当于--s 50，Style med相当于--s 100，Style high相当于--s 250，Style very High相当于--s 650。

4.6 --w 或 --weird【另类化程度】

"--w"或"--weird"参数可用来调整生成图像的另类化程度。另类化表示生成的图像会更加古怪和独特。--w参数只能用于V5.2及后续版本。为方便记忆，读者直接使用--w即可。

--w默认值为0，数值范围为0～3000中的任意整数，/imagine输入提示：

一只可爱的熊猫在沙滩上玩耍，前景中有鲜花，美丽的天空，美丽的灯光 --v 5.2 --w a

a值依次为"0、250、500、1500、3000"，按下回车键发送指令，生成作品依次如图4-12至图4-16所示。

图4-12　a值为0

图4-12　*a*值为0（续）

图4-13　*a*值为250

图4-14　*a*值为500

图4-15　*a*值为1500

图4-15　*a*值为1500（续）

图4-16　*a*值为3000

对比图4-12至图4-16可以发现，随着 a 值越来越大，整体画风越来越不可预测。搭配--s参数，会让整体画风更加稳定。如果提示内容本身就很另类的话，--w会根据提示来调整图像的另类化程度。

4.7 --seed【图像微调】

"--seed"参数可以用来对图像进行微调。seed值是Midjourney生成图像的对应编码，就像图像的证件号。每张图像的seed值都是随机生成的，使用相同的seed值和提示，最终可以得到相似的图像。V4及后续版本seed值的取值范围为0 ～ 4294967295中的任意整数。

将鼠标移至需要查看seed值的已生成图像（可以是放大后的图片，也可以是四格图），右击，在弹出的界面中选择"添加反应"，然后单击"envelope"选项，如图4-17所示。

图4-17　添加envelope

如果读者没有看到图4-17中"envelope"选项，单击"显示更多"选项，在弹出的界面手动输入"envelope"搜索即可。稍等片刻，会收到Midjourney的提示信息，如图4-18所示。

单击图4-18中的Midjourney图标，会看到带有seed值的私信内容，如图4-19所示。

图4-18　提示信息

图4-19　私信内容

图4-19中标记1处的seed值"1615563593"就是我们需要的。seed值和前文提到的图片ID一样只能作用于自己生成的作品，其他人的作品无法基于这些值进行"复刻"。/imagine输入提示：

机器熊猫，迪斯尼 --v 5.2 --s 750 --q 2 --seed 1615563593

按下回车键发送指令，生成作品如图4-20所示。

图4-20中生成了一张四格图。在V4及后续版本中，通过U操作放大Midjourney生成的四格图中的任意一张，seed值都与原始四格图相同。

图4-20　生成作品

　　完全一样的提示和同一个seed值，会出现完全一样的图片。如果提示做出改变，会生成主体形象大致不变的新图片。

4.8　--iw【样图参考值】

　　--iw参数可以用来对图像进行微调。iw是"Image Weight"（图像权重）的缩写，V5及后续版本的--iw默认值为0.5，支持0.5～2范围内的整数。V4版本不支持--iw，V3版本的--iw默认值为0.25，可以设置为-10000～10000的整数。建议读者在V5及后续版本中使用--iw参数。

我们先上传一张样图，然后获取其链接。图上传完成后，如图4-21所示。然后将鼠标移至图片上，右击，在弹出的选项中单击"复制链接"选项，如图4-22所示。

图4-21　上传图片　　　　　　　　　　图4-22　复制链接

/imagine输入提示：

链接地址 熊猫，花朵，--v 5.1 --iw a

链接地址为读者上传样图的链接，格式为"https://cdn.discordapp.com... png"。a值依次为0.5、1、1.5、2，按下回车键发送指令，生成作品依次如图4-23至图4-26所示。

图4-23　a值为0.5

图4-23　a值为0.5（续）

图4-24　a值为1

图4-25 *a*值为1.5

图4-26 *a*值为2

对比样图4-21和图4-23至图4-26可知，iw值越大，生成的图像越接近于样图，iw值越小，生成的图片更倾向于提示。参考权重如下所示。

无iw参数，默认样图权重为20%，文字描述权重为80%。

-- iw 1，表示样图权重为50%，文字描述权重为50%。

-- iw 2，表示样图权重为67%，文字描述权重为33%。

后续我们可以通过iw参数实现更复杂的"垫图"操作。

4.9 --style【样式】

--style参数可以用来设置图像样式。在V4版本中使用的--style参数有"4a、4b、4c" 3种样式，/imagine 提示：

一只可爱的熊猫，穿着中国传统服饰，可爱3D玩偶 --v4 --style *a*

*a*值依次为"4a、4b、4c"，按下回车键发送指令，生成作品依次如图4-27至图4-29所示。

图4-27　--style 4a

图4-28 --style 4b

图4-29 --style 4c

对比图4-27至图4-29可知，V4版本下"4a、4b、4c"除了风格各不相同，图像尺寸也存在如下区别。

4a和4b仅支持1:1、2:3和3:2的纵横比。
4c支持高达1:2或2:1的纵横比。

如果没有特殊需求，建议读者还是使用V5及后续版本，因为V5版本是基于V4版本进行算法升级的，在V5及后续版本中并没有4a等样式。在V5.1及后续版本的提示最后添加"--style raw"参数，生成图像会更加写实。在Niji 5版本的提示最后依次添加"--style default、--style cute、--style expressive、--style original、--style scenic"参数，会生成不同动漫效果的图像，读者可自行尝试生成相应图片。

--stop【停止渲染】

使用--stop参数可以设置Midjourney在指定进度时停止渲染。
--stop默认值为100，支持0～100的任意整数，/imagine 提示：
一只可爱的熊猫，穿着中国传统服饰，可爱3D玩偶 --v5.2 --stop a
a值依次为"10、100"，生成作品分别如图4-30、图4-31所示。

图4-30　a值为10

第4章 参数学习

图4-31　*a*值为100

不指定--stop参数默认为完整渲染，等同于--stop 100。"--stop"参数设置得越小，生成图像就越容易缺失细节。

4.11 --tile【无缝图案】

使用--tile参数可以生成重复图块、织物、壁纸和纹理的无缝图案。--tile只适用于V1、V2、V3、V5及后续版本。

/imagine 提示：

熊猫 --v5.2 --tile

生成作品如图4-32所示。

图4-32　生成作品

图4-32中每幅作品都含有重复元素，适合作为壁纸、封面等。

4.12 --no【排除项】

--no参数的作用是使Midjourney不要渲染指定内容。--no red就表示生成图像中不要出现红色。

/imagine 提示：

一只可爱的熊猫，穿着中国传统服饰，可爱3D玩偶 --v5.2 --no red

生成作品如图4-33所示。

图4-33　生成作品

从图4-33可知，设置--no red参数后，图4-33中相较图4-31减少了红色元素。如果需要排除多个内容，可以将每个内容用逗号隔开，比如"--no内容1,内容2,内容3"。

(4.13) --repeat【重复工作】

使用--repeat参数可以设置单条提示重复生成图像的次数。目前仅限于标准、Pro和Turbo会员使用。在提示最后输入"--repeat"和数字"a"，a表示使用该提示生成图像的次数。/imagine 提示：

panda --repeat 3

按下回车键发送指令后，会看到确认提示，如图4-34所示。

图4-34　确认提示

图4-34让我们确认是否需要使用--repeat参数，单击"Yes"按钮就会看到同时生成3份作品，单击"No"按钮则该指令不生效。对于标准会员，a的取值范围为"2～10"的整数；对于Pro和Turbo会员，a的取值范围为2～40的整数。重复多少次就会消耗多少倍GPU使用时间。

(4.14) --niji【动漫风格】

使用"--niji"参数可以通过Midjourney生成动漫风格的作品。Niji模型是

Midjourney 和 Spellbrush 合作开发的，可用于生成动漫和插画风格的图像。Niji 模型比较擅长渲染动漫、插画风格的图片，通过 /settings 指令也可以设置 Niji 版本模型，详情如图 3-1 所示。

/imagine 输入提示：

熊猫 --niji

按下回车键发送指令，生成作品如图 4-35 所示。

图 4-35　生成作品

添加了 --niji 参数后，生成图像更偏动漫和插画风格。

进阶操作

本章将通过进阶操作让Midjourney发挥出更强大的功能，创造出更优质的作品。接下来的演示中不会详细解释用到的指令和参数的用法，请读者根据提示自行回顾复习。

::权重

在Midjourney中可以用两个英文半角冒号"::"指定提示内容的"占比权重"，提高指定提示在Midjourney中的权重。/imagine输入提示：

Panda cake --v 5.2

按下回车键发送指令，生成作品如图5-1所示。

图5-1　生成作品

再输入/imagine 提示：

Panda::cake --v 5.2

按下回车键发送指令，生成作品如图5-2所示。

图5-2　生成作品

通过对比图5-1和图5-2可知，添加"::"作为分割符号，会将图5-1的"Panda cake"拆分为"Panda"和"cake"，所以生成作品的效果不一样。只添加"::"等同于在提示中添加英文逗号"，"进行分割。

更常用的操作是在"::"后添加一个数字，让"::"之前的提示权重增加，在画面中有更明显的体现。关于"::"的几点说明如下。

如果"::"后没有数字，表示默认权重值为1。

V1～V3版本中，只能输入整数权重值；V4、V5版本中可输入小数或负数权重值，比如"::2.3"或"::-5"。如无特殊需求，请读者使用整数。

"::"与输入的具体数字无关，与数值间的比例有关。下面这些写法，都表示panda的权重是cake的两倍："panda::2 cake、panda::400 cake::200、panda::5.4 cake::2.7"。

"::"会增加其前面所有提示的权重，直到出现新的"::"为止，例如，"Blue::2, galaxies, painting::1.5, panda::5, crown, flower::3"。其中"::2"影响Blue的权重为2，"::1.5"影响galaxies和painting的权重为1.5，"::5"影响panda的权重为5，"::3"影响crown和flower的权重为3。虽然panda在提示靠后部分，但权重更高，所以生成图像仍会以panda为主，如图5-3所示。

"::-0.5"作用与参数"--no"相同，均表示"排除"指定元素。例如，"a cute panda, 3D dolls:: red::-0.5"和"a cute panda, 3D dolls --no red"这两条提示都表示"可爱的熊猫，3D玩偶，排除红色"。

图5-3　生成作品

通过"::"可以精确地设置提示中各个内容的权重，尽可能实现我们想要的图像效果。

{}组合

使用"{}"可以在同个提示中组合指定词语，批量创建提示。目前仅限于标准、Pro和Turbo会员使用。/imagine 提示：

a cute panda --ar {1:1, 3:4, 16:9}

按下回车键发送指令，会看提示内容，如图5-4所示。

图5-4　提示内容

{}组合等同于生成下列3条提示。

a cute panda --ar 1:1

a cute panda --ar 3:4

a cute panda --ar 16:9

所以在图5-4中Midjourney让我们确认是否使用"组合功能"，因为这样相当于消耗3倍GPU时长，如果单击"Yes"按钮，就会看到生成3组作品。{}不仅可以在提示内容和参数中使用，还可以同时使用多个。输入/imagine 提示：

a {Cyberpunk, technology, art} {panda, cat}

上面的提示等同于以下提示。

a Cyberpunk panda

a technology panda

an art panda

a Cyberpunk cat

a technology cat

an art cat

　　{}中的内容用英文逗号隔开，不同{}间用空格隔开。例如，第一个{}中有5组词，第二个{}中有4组词，那么总共就会产生"5×4"共计20组提示。建议提示中使用的{}不要超过2个，并且组合内容一定要精简，否则时长消耗会大大增加。

5.3 垫图

　　垫图顾名思义就是"以图生图"，前文我们分别使用"/blend"指令和上传图实现垫图。垫图的主要作用是保持主体的连续性，然后产生相应的变化。在日常使用Midjourney时，更常用的垫图操作是使用"--seed"参数或"--iw"参数。垫图操作可以对上传的样图进行二次加工。经过笔者实践，在进行垫图操作时，"--iw"参数具有更大的灵活性。

图5-5　样图

　　例如，上传一张样图，如图5-5所示，并获取其链接。

　　如果我们想保持图5-5中熊猫的主体配色和风格，生成戴着皇冠的熊猫，可输入/imagine提示：

　　图片地址 戴着皇冠的熊猫 --niji --iw 2

按下回车键发送指令，生成作品如图5-6所示。

图5-6　生成作品

图5-6中新生成的图像和图5-5风格非常相似，并且图1、图2、图3中熊猫头上都有皇冠元素。

如果想让生成的图片更像原图，那么尽量减少添加不必要的提示，只添加与样图相关的提示，可以通过/describe指令反推样图提示，并且设置"--iw"参数值为2即可。

如果只是想借鉴某个图片的整体风格，而图片内容以添加新元素为主，那么垫图时可以多写新的提示内容。也可以使用"::"提高新提示的内容权重，并且尽量将--iw参数值设置得小一些，如0.5。

5.4 环境背景

环境背景是Midjourney在作图中使用的各种背景元素，它可以分为6个方面：场景、风格、色调、光照、质感、渲染。

接下来我们依次进行学习。

5.4.1 场景

场景指主体内容所处的位置信息，如处于城市、神话世界、宇宙等。常见场景中英文名称如表5.1所示。

表5.1 常见场景中英文名称

英文	中文	英文	中文
Ancient Temple	古代神庙	Volcanic Eruption	火山爆发
the North Pole	北极	Giant Architecture	巨大建筑
Starry Night	星空夜景	Gothic cathedral	哥特式大教堂
Digital Universe	数字宇宙	Surreal Dreamland	超现实梦境
Cliff	悬崖峭壁	Sky Island	天空岛屿
Spaceship	宇宙飞船	Mystical Forest	神秘森林
Futuristic Robots	未来机器人	Giant Machines	巨大机器
Doomsday Ruins	末日废墟	Star Wars	星球大战
Mars Exploration	火星探险	Enchanted Forest	魔法森林
Crystal Palace	水晶宫殿	Desolate Desert	荒漠孤烟
Shipwreck	沉船遗迹	Cactus Desert	仙人掌沙漠
Castle in the Sky	天空之城	Mythical world	神话世界

英文	中文	英文	中文
Outer Space	外太空	Magical Forest	魔幻森林
Technological City	科技城市	Romantic Town	浪漫小镇
Neon City	霓虹城市	Steampunk	蒸汽朋克
Rainy City	雨中城市	Mushroom Forest	蘑菇森林
Fairy Tale Castle	童话城堡	Magical Kingdom	魔法王国

表5.1中列出的只是一些常用的场景提示内容，读者可以从中选择一个或多个场景，与主体进行组合，也可以自行从网上搜索其他场景提示。

5.4.2 风格

风格指图像所展现的拍摄风格或影像风格，如中式风格、水墨插画、传统文化等。常见风格中英文名称如表5.2所示。

表5.2 常见风格中英文名称

英文	中文	英文	中文
Manga	日式漫画	ACGN	二次元
Doodle	涂鸦	DreamWorks style	梦工厂风格
New Chinese style	新中式风格	Modern style	现代风格
Montage	蒙太奇	Disney style	迪士尼风格
Country style	乡村风格	Minimalism	极简主义
Renaissance	文艺复兴	Magic Realism	魔幻现实主义
Chinese style	中式风格	Ink illustration	水墨插画
Graphic Ink Render	图形墨迹渲染	Ink Wash Painting Style	水墨风格
Traditional Culture	传统文化	Ukiyo-e	浮世绘
Fairy Tales illustration style	童话故事插图风格	Fairy tale style	童话风格

英文	中文	英文	中文
Hand-drawn style	手绘艺术	Cartoon	卡通
Pixel Art	像素艺术	Watercolor children's illustration	水彩儿童插画
Pixar	皮克斯	Black and white film	黑白电影时期
Hollywood style	好莱坞风格	Cinematography style	电影摄影风格
Miniature movie style	微缩电影风格	Film photography	胶片摄影

表5.2中列出的只是一些常用的风格提示内容，读者可以从中选择一个或多个内容，与主体进行组合，也可以自行从网上搜索其他风格提示内容。

5.4.3 色调

色调是指图片中所使用的色彩，常见色调中英文名称如表5.3所示。

表5.3 常见色调中英文名称

英文	中文	英文	中文
Red	红色	White	白色
Mint Green	薄荷绿	Sunset Gradient	日暮色系
Black	黑色	Green	绿色
Yellow	黄色	Blue	蓝色
Purple	紫色	Gray	灰色
Brown	棕色	Tan	褐色
Cyan	青色	Orange	橙色
Macarons	马卡龙色	Morandi	莫兰迪色
Titanium	钛金属色系	Soft Pink	柔和粉色系
Candy	糖果色系	Coral	珊瑚色系
Violet	紫罗兰色系	Rose Gold	玫瑰金色系

英文	中文	英文	中文
Burgundy	酒红色系	Turquoise	绿松石色系
Maple Red	枫叶红色系	Luxurious Gold	奢华金色系
Ivory White	象牙白色系	Denim Blue	牛仔蓝色系
Crystal Blue	水晶蓝色系	Cobalt Blue	钴蓝色系

表5.3中列出的只是一些常用的色调提示内容，读者可以从中选择一个或多个内容，与主体进行组合，也可以自行从网上搜索其他色调提示内容。

5.4.4 光照

光照指图片中所使用的光源类型和光线效果，如柔和光、正面光、霓虹灯等。常见光照中英文名称如表5.4所示。

表5.4 常见光照中英文名称

英文	中文	英文	中文
Front lighting	正面照明	Back lighting	背光
Rim lighting	边缘照明	Global illumination	全局照明
Hard lighting	强烈照明	Studio lighting	工作室照明
Indoor lighting	室内照明	Outdoor lighting	室外照明
HDR lighting	高动态照明	Real time lighting	实时照明
Aurora Borealis	北极光	Neon light	霓虹灯
Fluorescence	荧光	Holy light	圣光
Cold light	冷色光	Mood lighting	情绪照明
Rembrandt lighting	伦勃朗照明	Soft light	柔和光
Fluorescent lighting	荧光照明	Crepuscular rays	云隙光
Cinematic lighting	电影照明	Dramatic lighting	舞台照明
Point light	点光源	Spot light	聚光灯
Ambient light	环境光	Shadow light	阴影光

英文	中文	英文	中文
Sun light	太阳光	Ring light	环形光
Panel light	面板灯	Strobe light	频闪灯
Hair glow	头发光影	Rainbow halo	彩虹光环
Blue hour	蓝色时间	Gold hour	金色时间

表5.4中列出的只是一些常用的光照提示内容，读者可以从中选择一个或多个内容，与主体进行组合，也可以自行从网上搜索其他光照提示内容。

5.4.5　质感

质感指图片中所展现的画面质感和细节程度，如亚光质感、石墨质感、绸缎质感等。常见质感中英文名称如表5.5所示。

表5.5　常见质感中英文名称

英文	中文	英文	中文
Epic detail	细节详细	Smooth	光滑的
Clear	清晰的	Delicate	精美的
Flat	平整的	Thin	细长的
Matte texture	亚光质感	Pearl texture	珍珠质感
Organic Design	有机设计	Bold	粗线条的
Silk texture	绸缎质感	Fluffy texture	蓬松质地
Graphite texture	石墨质感	Water wave texture	水波纹质感
Metallic texture	金属质感	Bamboo texture	竹子质感
Pearl luster texture	珠光质感	Stone texture	石头质感
Glass texture	玻璃质感	Leather texture	皮革质感
Cotton texture	棉花质感	Crystal texture	水晶质感
Plastic texture	塑料质感	Paint texture	油漆质感
Sinuous	弯曲的	Delicately curved	曲线细腻的
Exquisite	优美且精细的	Well-defined	界限清晰的

英文	中文	英文	中文
Textured	有纹理的	Layered	有层次感的
Embossed	浮雕	Carved	具有雕刻感的

表5.5中列出的只是一些常用的质感提示内容，读者可以从中选择一个或多个内容，与主体进行组合，也可以自行从网上搜索其他质感提示内容。

5.4.6 渲染

渲染指将三维的光能传递处理转换为一个二维图像的过程，是图像处理的一个分支领域，在Midjourney中调用某种渲染的名称，就可以直接生成相应的效果。常见渲染风格有OC渲染、虚幻引擎、3D渲染等。常见渲染中英文名称如表5.6所示。

表5.6　常见渲染中英文名称

英文	中文	英文	中文
Unreal engine	虚幻引擎	Octane render	OC渲染
C4D renderer	C4D渲染器	Indigo renderer	靛蓝渲染器
Unreal engine 5	UE5渲染	Virtual engine	虚拟引擎
Architectural render	建筑渲染	Corona render	电晕渲染
V-Ray	V射线	Realistic render	真实渲染
3D render	3D渲染	Hyperrealism	超写实
Ambient Occlusion	环境光遮蔽	Physically Based render (PBR)	物理渲染
Depth of Field (DOF)	景深	Anti-aliasing (AA)	消除锯齿
Volume render	体积渲染	Ray Tracing	光线追踪
Importance Sampling	重要性采样	Ray Casting	光线投射
Texture Mapping	纹理贴图	Environment Mapping	环境贴图
Shader	着色器	Subpixel Sampling	亚像素采样
Arnold renderer	Arnold渲染器	Redshift renderer	Redshift渲染器

表5.6中列出的只是一些常用的渲染提示内容，读者可以从中选择一个或多个内容，与主体进行组合，也可以自行从网上搜索其他渲染提示内容。

接下来重点介绍一下很常用的OC渲染，其特点如下。

逼真度高：OC渲染器能够模拟真实世界中光线的传播和反射，从而产生高质量、逼真度高的图片。

细节丰富：OC渲染器能够捕捉到模型中的微小细节，并在渲染结果中呈现出来。

光线追踪效果好：OC渲染器采用光线追踪技术，能够产生更真实的阴影和反射效果。

当我们需要看上去比较逼真的画面时，就可以使用OC渲染。/imagine 提示：

一只漂浮的熊猫，云 --v 5.1

按下回车键发送指令，生成作品如图5-7所示。

图5-7　生成作品

在其他提示不变的情况下，加入"OC 渲染"，/imagine 提示：

一只漂浮的熊猫，云，OC 渲染 --v5.1

生成作品如图 5-8 所示。

图5-8　生成作品

对比图5-7和图5-8可知，图5-8具有更逼真的效果，因为OC渲染就是用于生成逼真图像的渲染引擎，可实现快速高效的渲染。

5.5 构图

构图是指在摄影或绘画创作中通过有意识的布局来组织画面元素，传达情感和意义。以下为6种最常用的构图方式。

水平线构图。
垂直线构图。
三分构图。
对称式构图。
斜线构图。
透视线构图。

5.5.1 水平线构图

水平线构图是一种常见的照片构图方式，其特点如下。

存在明显的水平线。
上下部分呈现对比效果。
具有安宁、稳定等特征，可以用来展现宏大、广阔的场景。

在使用水平线构图时，拍摄者可以通过调整水平线的位置，给人带来不同的视觉感受。

/imagine 提示：

日落，海面，水平线构图 --v 5.2

按下回车键发送指令，生成作品如图5-9所示。

图5-9　生成作品

　　在创作湖泊、海洋、草原、日出、远山等风光题材的图片时，一般会较多地用到水平线构图。水平线本身就是一个强烈的视线引导，可以引导观众的视线。水平线构图简单而有效，是展现空旷气氛的最佳选择。

5.5.2　垂直线构图

垂直线构图是一种常见的照片构图方式，其特点如下。

强调照片的垂直方向。

使观看者高度集中注意力。

传达稳定、力量、高耸、挺拔、庄严等感觉。

垂直线构图是利用画面中垂直的直线元素构建画面的构图方法。/imagine 提示：

松树林，雪地，垂直线构图 --v 5.2

按下回车键发送指令，生成作品如图5-10所示。

图5-10　生成作品

垂直线构图可以在画面中形成明显的垂直特征。在生成树木、山峰、高层建筑等景物图片时，经常会将画面中的线形结构处理成垂直线，以充分显示景物的高大和纵深感。

5.5.3 三分构图

三分构图，也称作井字构图法，是一种在摄影、设计等艺术中经常使用的构图方法。在这种方法中，需要将场景用两条竖线和两条横线进行分割，如图5-11所示。

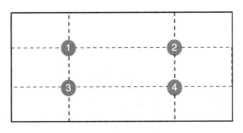

图5-11 三分构图

图5-11中标记了4个交叉点，三分构图只需将画面重点放在4个交叉点中的一个即可。/imagine 提示：

帆船，海面，三分构图 --v 5.2 --ar 16:9

按下回车键发送指令，生成作品如图5-12所示。

图5-12 生成作品

图5-12中的图2、图3、图4都属于三分构图，整体画面非常富有表现力。

5.5.4 对称式构图

对称式构图是指将画面中的主体或陪体进行对称排列，使画面呈现出一种对称、平衡的美感。对称式构图有水平对称、垂直对称、镜像对称等形式。/imagine 提示：

中国古建筑，对称式构图 --v 5.2

按下回车键发送指令，生成作品如图5-13所示。

图5-13　生成作品

对称式构图可以突出画面的重点，强调视觉焦点，并且给人一种和谐、对称的感觉。

5.5.5 斜线构图

斜线构图也叫对角线构图，指画面中的主体形象沿对角线方向展示，具有较强的视觉引导性。斜线构图可以有效延伸画面，增加画面的深度和广度，让观者的视线更容易聚焦于主体形象。/imagine 提示：

森林，天空，斜线构图 --v 5.2

按下回车键发送指令，生成作品如图5-14所示。

图5-14　生成作品

斜线构图能够增强画面的层次感，也可以利用斜线突出特定的对象，起到引导视线的作用，让画面更加丰富多彩。

5.5.6 透视线构图

透视线构图是指利用透视原理，将画面中的线条、形状、物体等元素按照透视规律进行处理，使画面更加具有立体感和空间感。/imagine 提示：

旋转的楼梯，透视线构图 --v 5.2

按下回车键发送指令，生成作品如图5-15所示。

图5-15　生成作品

透视线构图可以强调线条的汇聚、引导、转折等效果，使画面更加生动有趣，符合观看者对空间和距离的自然理解，给人舒适自然的感觉，同时增强了画面的真实性和空间感。

 5.6 视角

视角除了可以利用不同角度展现不同的信息和情感，还可以设置不同的相机参数。常见视角中英文名称如表5.7所示。

表5.7　常见视角中英文名称

英文	中文	英文	中文
Top view	顶视角	Three quarter view	四分之三视角
Front view	正视角	Bottom view	仰视角
Side view	侧视角	Back view	后视角
Look up view	仰视	Super side angle	超侧角
Isometric view	等距视角	Close-up view	特写视角
High angle view	高角度视角	Microscopic view	微观
Low angle view	低角度视角	Bird's eye view	鸟瞰图
First-people view	第一人称视角	Third-person view	第三人称视角
Two-point perspective	两点透视	Three-point perspective	三点透视
Full length	全身	Full body shot	全身照
Panorama	全景	Portrait	肖像
Ultra wide shot	超广角镜头	Cinematic shot	电影镜头
Depth of field (DOF)	景深	Wide-angle view	广角视图
Canon 5D/Sony A7/Kodak	佳能5D/索尼A7/柯达相机	ISO800	感光度
f/5.6	光圈5.6	Action shot	动态镜头
Medium Close-Up (MCU)	中特写	Medium shot (MS)	中景
Medium Long shot (MLS)	中远景	Long shot (LS)	远景
Over the shoulder shot	过肩	Knee shot (KS)	膝盖以上
Chest shot	胸部以上	Waist shot (WS)	腰部以上
Extra Long shot (ELS)	超长镜头	Face shot (VCU)	脸部特写
Close shot	近景	Scenery shot	风景照

接下来我们通过一组人物照，来展示不同视角的区别。/imagine 提示：

一位美丽的中国女大学生，20岁，穿着蓝色裙子，初夏背景，走在大学校园里 --ar 9∶16 --s 250 --v 5.2

按下回车键发送指令，生成作品如图5-16所示。

图5-16为正视角，保持核心提示内容不变，在"初夏背景"后面新增提示"后视角"，按下回车键发送指令，生成作品如图5-17所示。

图5-16　正视角作品　　　　　　　　　图5-17　后视角作品

图5-17中图像变成了"后视角"，接下来将生成图5-17的提示中的"后视角"依次替换为全身照、特写、鸟瞰图，生成作品分别如图5-18至图5-20所示。

图 5-18　全身照作品

图5-19　特写视角作品　　　　　　　　图5-20　鸟瞰图作品

选择不同的视角可以让作品传达出不同的创作意图和主题。读者根据需要进行选择即可。建议读者参阅电影分镜设计或摄影类图书，以加深对"相机"和"景深"的理解。

 ## 5.7　参考艺术家

生成图片时，除可以指定风格外，还可以指定艺术家。常见艺术家和特点如表5.8所示。

表5.8 常见艺术家和特点

名字	特点
鲍勃·埃格尔顿（Bob Eggleton）	西方最优秀的科幻/奇幻艺术家之一
毕加索（Picasso）	擅长抽象艺术和立体主义
罗伊·利希滕斯坦（Roy Lichtenstein）	擅长波普艺术
贾斯汀·汉密尔顿（Justin Hamilton）	擅长数字艺术和互动艺术
皮埃尔·奥古斯特·雷诺阿（Pierre Auguste Luminal）	印象派画家，擅长静物和风景画
弗朗西斯科·弗朗西亚（Francesco Francia）	意大利画家，擅长实验性艺术和波普艺术
乔治·巴塞利兹（George Basevi）	擅长超现实主义雕塑和绘画
雷内·马格利特（Rene Magritte）	擅长超现实主义和几何抽象
让·弗朗索瓦·米勒（Jean-Francois Millet）	擅长现实主义
阿尔弗莱德·西斯莱（Alfred Sisley）	印象派代表画家，擅长创作风景画
珍妮弗·赫斯特（Jennifer Gucht）	擅长雕塑和水墨画
约瑟夫·宾德（Joseph Binder）	擅长立体主义绘画
大卫·霍克尼（David Hockney）	擅长极简主义风格
村上隆（Takashi Murakami）	擅长超现实主义和"超扁平化"设计风格
傅抱石	国画大师，以金粉落款、锦绣纹理等技法为主，作品呈现出独特的艺术风格
齐白石	国画大师，其作品具有浓厚的乡土气息
刘维	以摄影、装置、影像等多种形式表现自己的艺术思想
刘野	将中国传统文化元素融入艺术作品，并尝试通过不同的材料和手法表现自己独特的艺术风格
常玉	常常运用独特的颜色和夸张的线条表现自己的创意和情感，画面呈现出梦幻般的气息
徐悲鸿	以中国传统文化为主题，并通过色彩、线条和形式等多种手法表现自己的创意和思想，具有浓郁的民族特色和个性

名字	特点
林风眠	提倡兼收并蓄，调和中西艺术，并身体力行，创造出富有时代气息和民族特色的、高度个性化的抒情画风
刘小东	坚持写实主义，将目光聚焦于日常生活与熟悉人物
方力钧	具有很强的画面控制力和创造力，作品通过明艳的色彩对比来加强滑稽和自我嘲讽的波普理念，以体现当时大众的艺术审美趣味
张晓刚	运用冷峻内敛及白日梦般的艺术风格传达出具有时代特征的集体心理记忆与情绪
吴冠中	对中西方风格艺术融合进行大胆尝试。突破了传统绘画的"渲淡"色彩观念，在中国水墨画传统的色彩观的基础上融入了西方印象派、凡·高、马提斯的绚烂色彩，形成自己独特的新水墨画色彩观

引入艺术家风格非常容易，直接将艺术家名字写到提示中即可生成一个常规的图片。/imagine 提示：

可爱猫咪坐在椅子上 --v 5.2

按下回车键发送指令，生成作品如图5-21所示。

图5-21　生成作品

接下来将图像修改成毕加索风格。/imagine 提示：

可爱猫咪坐在椅子上，毕加索 --v 5.2

按下回车键发送指令，生成作品如图5-22所示。

图5-22　生成作品

　　图5-22从整体风格到线条运用等都很符合毕加索的艺术特点。如果想更加突出艺术家风格，可以使用"::"权重，将"艺术家名称::"，放到提示最前面。/imagine提示：

　　毕加索::2，可爱猫咪坐在椅子上 --v 5.2

　　如果没有特殊需求，读者直接添加需要参考的艺术家名字即可。注意：个人练习使用没问题，如果商用请注意版权问题。

5.8 专享Niji动漫风创作

我们可以通过"-- niji"参数或"/settings"指令将Midjourney绘画风格修改为漫画类型。如果想更进一步使用漫画风格，可以将"niji·journey Bot"拉到自己的服务器中。

5.8.1 添加niji·journey到自己的服务器

在1.10节我们在自己的服务器中添加了Midjourney Bot，而在Discord中还有上百个像Midjourney Bot一样的频道。在Discord主页中搜索"niji"，如图5-23所示。

图5-23 搜索niji

单击图5-23中的"niji·journey"选项进入niji主页后，单击页面最上方的"加入niji·journey"选项，如图5-24所示。

图5-24 加入niji·journey

弹出如图5-25所示界面，选择"中文"选项，然后单击界面右下角的"完成"按钮。接下来单击界面右上角的niji·journey图标，如图5-26所示。

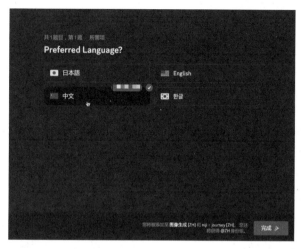

图5-25　选择语言

在新弹出页面中单击"添加至服务器"选项，如图5-27所示。

图5-26　单击niji·journey

图5-27　添加至服务器

在新弹出页面的"添加至服务器"选项的下拉框中选择自己的服务器名称，如图5-28所示。

选择我们自己的服务器后，单击"继续"按钮，在下一个窗口中单击"授权"，完成"真人测试"，就会看到成功提示，如图5-29所示。

在图5-29中单击"前往BaiMaoMao"选项，就会来到自己的服务器，此时就成功将niji·journey拉入自己的服务器了。在输入框中输入"/settings"，如图5-30

所示，选择"niji·journey Bot"。

图5-29　添加成功

图5-28　选择服务器

图5-30　输入/settings

选择"niji·journey Bot"机器人后，按下回车键发送指令，弹出设置界面，如图5-31所示。

图5-31　设置Niji

图5-31中第一行表示使用的Niji版本，其他标签解释前文已有介绍，不再赘述。第三行为Niji 5版本特有的绘制风格，Niji 4版本无法使用这些风格。

Default Style 为默认风格。

Expressive Style 为表现力风格。

Cute Style 为可爱风格。

Scenic Style 为景观风格。

Original Style 为原始风格。

Niji 5版本风格特点如下所示。

5.8.2　Niji 5版本各种风格区别

选择图5-31中的默认设置，在输入框中输入"/imagine"，在弹出页面中选择"with Niji journey"，如图5-32所示。

上述操作就表示我们使用"niji·journey Bot"进行绘图。输入框界面如图5-33所示。

图5-32　设置Niji

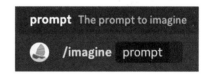

图5-33　Niji输入框

/imagine 提示：

熊猫与蛋糕

按下回车键发送指令，生成作品如图5-34所示。

图5-34 生成作品

图5-34使用的是默认风格，整体效果偏"漫画"。

接下来保持生成图5-34的提示内容不变，对比其他4种风格的区别。既可以通过在设置界面切换风格，也可以在提示最后添加指令"--cute style"或"--scenic style"，实现风格切换。

/imagine输入提示：

熊猫与蛋糕 --expressive style

按下回车键发送指令，生成作品如图5-35所示。

图5-35　生成作品

/imagine输入提示：

熊猫与蛋糕 --cute style

按下回车键发送指令，生成作品如图5-36所示。

图5-36　生成作品

/imagine输入提示：

熊猫与蛋糕 --scenic style

按下回车键发送指令，生成作品如图5-37所示。

图5-37　生成作品

/imagine输入提示：

熊猫与蛋糕 --original style

按下回车键发送指令，生成作品如图5-38所示。

图5-38　生成作品

通过对比图5-34至图5-38效果，可以总结Niji 5版本各种风格特点与用途如表5.9所示。

表5.9 Niji 5版本风格特点与用途

Niji 5版本风格	特点	用途范围
默认风格	偏2.5D	国画、漫画、壁纸
表现力风格	偏3D，画面更具张力	手办、盲盒、CG绘画、迪士尼插画、漫画
可爱风格	偏向治愈可爱的风格，画面相对偏平，偏2D	插画、绘本、表情包、贴纸、漫画
景观风格	偏向电影感的日漫风，更具电影画面感，注重展现远景的细节	电影海报、绘本
原始风格	偏向传统的二次元风格，整体风格比较扁平，偏2D	插画、漫画

5.9 使用InsightFace实现人物换脸

"InsightFace"是Discord中用于实现人脸识别的拓展应用。它可以识别图像中的人脸，并提取有关面部特征的信息，与样图进行更换。

5.9.1 将InsightFace添加到自己的服务器

由于InsightFace是一个拓展应用，所以不能和添加niji服务器那样在公开服务器中搜索添加，只能通过浏览器方式添加。打开计算机上的网页浏览器，笔者使用的是Chrome，读者可以根据自己的偏好选择浏览器，在浏览器中输入本书"链接备份.txt"文件中第3行的"Discord-InsightFace链接"。首次登入会提示登录窗口，读者输入自己的Discord账号密码登录即可，登录成功后，进入添加InsightFace站点，如图5-39所示。

在图5-39中选择自己的服务器后，单击"继续"按钮。进入授权页面，保持默认的权限勾选即可，然后单击"授权"，进入人机验证环节，完成人机验证后，会看到授权成功提示，如图5-40所示。

授权成功后，单击图5-40中的"前往BaiMaoMao"选项，读者会看到自己的服务器名称。进入网页端Discord界面，切换回本地Discord程序进行操作，读者根据使用偏好自行进行设置即可。回到Discord本地程序，在右上方列表会看到出现"InsightFaceSwap"标识，如图5-41所示。

图5-39　添加InsightFace

图5-40　授权成功

图5-41　InsightFaceSwap

在输入框中输入"/"，就能看到InsightFaceSwap图标，如图5-42所示。

图5-42　InsightFaceSwap图标

5.9.2　InsightFaceSwap指令简介

InsightFaceSwap提供的指令，如图5-43所示。

图5-43　InsightFaceSwap指令

图5-43中各个指令的含义如下。

"/delall"指令，指删除所有ID名称。

"/delid"指令，指删除指定ID名称。

"/listid"指令，用于列出所有已上传的ID名称。

"/saveid"指令，用于上传基准图。

"/setid"指令，用于设定默认源ID名称。

"/swapid"指令，使用新ID名称替换已上传基准图的ID名称。

基准图就是换脸操作的原图，ID名称就是我们为基准图命名的"唯一标识"，后续操作中调用该值表示使用该基准图。

在输入框中输入"/saveid"指令，然后上传一张图像，最好是单色背景的肖像图。这里笔者准备好了一张名为"基准图.png"的图，读者自行准备一张为PNG、JPG或JPEG格式的图片即可，如图5-44所示。

图5-44中idname选项中的内容"BMM"就是设置的ID名称，读者可以根据个人偏好进行设置。按下回车键发送图片和指令，会看到上传成功提示，如图5-45所示。

图5-44 上传基准图1

在输入框中输入"/listid"指令，并按回车键发送指令，会看到已上传的基准图列表，如图5-46所示。

图5-45 上传成功

图5-46 已上传的基准图列表

图5-46的"id-list"中表示已上传的基准图，目前只有"BMM"一个。"current-idname"中表示当前正在使用的基准图。再次在输入框中输入"/saveid"指令，然后上传另一张图像"基准图2.png"，ID名称为cuteGirl，如图5-47所示。

再次在输入框中输入"/listid"指令，按下回车键发送指令，如图5-48所示。

图5-47　上传基准图2

图5-48的id-list中有两个ID名称"BMM"和"cuteGirl"。current-idname后的"cuteGirl"表示正在使用"cuteGirl"作为基准图。注意："/listid"指令列出的ID列表总数不能超过10个。

使用"/delid"指令可以删除不需要的ID名称，在输入框中输入"/delid"指令，然后指定要删除的ID名称即可。还可以通过"/delall"指令删除当前所有的ID名称，读者按需使用即可。

InsightFaceSwap默认以最新上传的ID名称为基准图，如果需要切换基准图，可以在输入框中输入"/setid"指令，然后指定要参考的基准图的ID名称，比如"BMM"，如图5-49所示。

按下回车键发送指令，会看到设置成功提示，如图5-50所示。

图5-48　基准图添加成功

图5-49　设置基准图

图5-50　设置成功

此时在输入框中输入"/listid"指令，并按回车键发送指令，会看到已上传的基准图列表中的current-list为"BMM"。

使用"/swapid"指令可以对已上传的基准图的ID名称进行修改，该指令使用频率较低，在此不做详细说明。它的使用方式和/saveid指令类似。

最后补充以下注意事项。

原始基准图应尽量保证清晰、正脸、五官无遮挡。

不要上传戴眼镜、过度美颜等丧失人物特征的基准图。

每个Discord账号每天可以执行50次命令。

请仅用于个人娱乐与学习，不要进行任何违法换脸操作。

保留当前上传的两张基准图"BMM"和"cuteGirl"，进入换脸实操。

5.9.3 换脸操作

既可以对通过/imagine输入提示生成的作品进行换脸操作，也可以对直接上传的样图进行换脸。

为了简化演示，上传一张准备好的样图，如图5-51所示。

在样图上右击，在弹出菜单中选择"APP"选项，然后在弹出的二级菜单中选择"INSwapper"选项，如图5-52所示。

图5-51　上传样图

图5-52　弹出选项

弹出如图5-53所示的提示。

图5-53　换脸提示

图5-53中的提示表示需要等待前面18个换脸操作执行完后，才会执行我们的换脸操作，具体等待时间以读者使用时提示为主，在此期间不用重新发送指令，耐心等待即可。InsightFaceSwap会将图5-52中人物的脸换成基准图BMM，效果如图5-54所示。

InsightFaceSwap除了可以对人脸进行替换，还可以对动漫人物的脸进行替换，操作过程相同，有兴趣的读者可以去试试。通过换脸方式可以间接解决Midjourney "生成人像不一致"的问题。

图5-54　换脸后样图

 5.10　使用Tracejourney转矢量文件和裁切文件

"Tracejourney"是Discord中一款处理图像的拓展机器人，它可以实现以下功能。

图片转矢量文件。

一键抠图去除背景。

放大图片。

内容解析标签。

转换文件格式。

快速优化调整。

分割画面。

图像扩展。

5.10.1　将Tracejourney添加到自己的服务器

Tracejourney是拓展机器人，所以可以采用添加Niji服务器操作，先在公开服务器中搜索"Tracejourney"，然后执行如图5-55所示的添加操作。也可以通过浏览器方式添加。打开计算机上的网页浏览器，笔者使用的是Chrome，读者可以根据自己的偏好选择浏览器。在浏览器中输入本书"链接备份.txt"文件中第5行"Discord-Tracejourney链接"。首次登入会提示登录窗口，读者输入自己的Discord账号密码登录即可，登录成功后，进入添加Tracejourney站点。

在Discord界面右上角找到Tracejourney图标，然后单击"添加至服务器"选项。然后跳回到Discord程序，单击"加入Tracejourney"按钮，如图5-56所示。

图5-55　添加Tracejourney Bot

图5-56　加入Tracejourney

在新弹出页面的"添加至服务器"选项下拉框中选择自己的服务器名称，如图5-57所示。

选择我们自己的服务器后，单击"继续"按钮，在下一个窗口中单击"授权"

按钮，完成人机验证，就会看到成功提示，如图5-58所示。

　　在图5-29中单击"前往BaiMaoMao"按钮，就会来到我们自己的服务器，此时就成功将Tracejourney Bot拉入我们自己的服务器了。在输入框中输入"/settings"，如图5-59所示，选择"Tracejourney Bot"。

图5-57　添加至服务器

图5-58　添加成功

图5-59　设置Tracejourney

　　选择Tracejourney Bot机器人后，按下回车键发送指令，弹出设置界面，如图5-60所示。

　　图5-60中的第一行表示调整矢量图生成格式，第二行表示填充类型，包括填充

图5-60　设置Tracejourney

形状、描边形状、描边边缘。第三行表示填充方式，包括裁切、堆叠。如无特殊需要，保持默认即可。

5.10.2 Tracejourney指令简介

在输入框中输入"/"，选择"Tracejourney Bot"，能看到其提供的指令，如图5-61所示。

图5-61　Tracejourney指令

图5-61中各个指令的含义如下。

"/better"指令，指优化提示。

"/faq"指令，用来列出Tracejourney常见问题的解决方案。

"/help"指令，用来列出Tracejourney常见功能说明。

"/info"指令，用来查看Tracejourney的付费订阅使用情况。

"/mockup"指令，用来将样图合成到指定产品上。

"/settings"指令，用来设置Tracejourney的基本参数。

"/sub"指令，用来开启订阅Tracejourney。

"/url"指令，用来执行Tracejourney的核心功能。

订阅Midjourney的读者，如果使用Tracejourney，会获得10次免费机会，用完需要付费使用，收费目前分为以下3个等级。

Starter：每月可以使用150条命令。

Advanced：每月可以使用500条命令。

Pro：每月使用命令数没有限制。

请读者根据自身使用需求进行订阅。

5.10.3 /better优化提示

Tracejourney的/better指令，会自动优化指定的提示内容，给出4个更合理、更具想象力的提示词，将其与/shorten指令配合使用会产生意想不到的效果。

待优化提示：

一群熊猫挤在最近建成的动物园前拍摄的自拍照片 --ar 9：16 --s 750 --v 5.2

在输入框中输入/better指令，按下回车键发送指令，然后在输入框中输入上面待优化的指令，再次按下回车键发送完整指令，Tracejourney弹出提示，如图5-62所示。

图5-62　提示内容

图5-62中"No Weights"按钮表示Tracejourney会自动在提示中增加优化内容，

如图 5-63 所示。"Weights" 按钮表示不会在提示中增加过多的内容，以原提示为准。

Baimaomao使用了 /better

Tracejourney Bot ✓机器人 ■

(已编辑)

Here are 4 improved variations of your prompt:

1

A group of cute pandas gathered together in the center of a selfie picture, taken in front of a newly constructed zoo. The pandas are posing playfully and their expressions show excitement and curiosity. The zoo features lush greenery, spacious enclosures, and interactive exhibits. The atmosphere is joyful and vibrant, with children and families enjoying their time exploring the zoo. The photo has a 9:16 aspect ratio and a resolution of 750 pixels, showcasing the pandas and the zoo in clear detail.

2

A captivating scene of pandas captured in a selfie picture at the entrance of a state-of-the-art zoo. The pandas are huddled close together, their black and white fur contrasting with the colorful backdrop of the zoo's tropical gardens. The atmosphere is filled with anticipation as visitors eagerly await their chance to interact with the adorable animals. The photo has a vertical orientation with a 9:16 aspect ratio and a resolution of 750 pixels, capturing the charm and beauty of the pandas and the zoo.

3

A heartwarming moment frozen in time, as a group of pandas gather for a group selfie in front of a newly opened zoo. The pandas, with their fluffy white and black fur, seem delighted to be part of this memorable photo. In the background, the zoo's lush vegetation and carefully designed enclosures create a serene and natural atmosphere. The photo has a 9:16 aspect ratio and a resolution of 750 pixels, ensuring every detail is crystal clear, from the pandas' endearing expressions to the intricate features of the zoo.

4

An enchanting sight unfolds as pandas come together for a magical selfie in front of a contemporary zoo. The pandas, exuding charm and playfulness, create a delightful focal point amidst the modern architecture and beautifully landscaped surroundings. The atmosphere is filled with a sense of wonder and discovery, with visitors eagerly exploring the zoo's diverse exhibits and interactive displays. The photo has a 9:16 aspect ratio and a resolution of 750 pixels, capturing the pandas and the zoo in all their captivating glory.

图 5-63　No Weights 提示

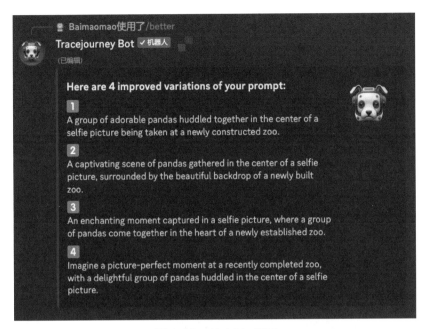

图5-64 Weights提示

对比图5-63和图5-64可知，No Weights下的优化内容明显多于Weights。读者可以根据需要选择合适的提示内容来生成新的作品。

5.10.4 /mockup合成样图

Tracejourney的"/mockup"指令可以用来将样图合成到指定产品上。样图格式最好为PNG矢量图，可以将图片通过/url指令转换为矢量图，也可以通过Photoshop软件等实现，读者可以自行准备2张透明背景的矢量图，这里笔者使用的样图如图5-65所示，产品图如图5-66所示。

图5-65 样图

图5-66　产品图

接下来将样图5-65替换到图5-66的产品图的衣服袖子上。

在输入框中输入/mockup指令，按下回车键发送指令，弹出上传界面，如图5-67所示。

将样图上传到图5-67中右边的design_file矩形框中，产品图上传到图5-67中左边的mockup_file矩形框中，如图5-68所示。

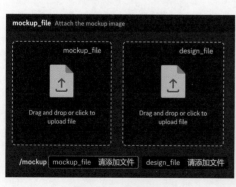

图5-67　上传界面

图5-68　上传样图和产品图

按下回车键发送指令，Tracejourney弹出提示，如图5-69所示。

图5-69中需要我们选择产品图的"面料颜色"，它分为以下3种。

Bright（明亮）：适用于明亮的颜色。

Dark（深色）：适用于黑色、深蓝色和其他深色。

White（白色）：适用于白色。

因为产品图5-66为亮色，所以我们选择"Bright"按钮，弹出调整大小和位置按钮，如图5-70所示。

图5-69　选择面料颜色

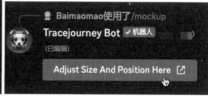

图5-70　调整大小和位置

单击图5-70中的"Adjust Size And Position Here"选项，弹出提示窗口，如图5-71所示，勾选"从现在起信任www.tracejourney.com链接"，然后单击"访问网站"，进入网页端调整样图，如图5-72所示。

图5-71　提示界面

图5-72　调整样图

单击图5-72中标记1处的样图，会弹出拖曳框，如图5-73所示。

图5-73　拖曳框

通过鼠标选中图5-73中的矩形节点可以进行移动、放大和缩小操作，将样图调整到合适位置后，单击图5-72中标记2处的"Generate Mockup"按钮，弹出提示，如图5-74所示。

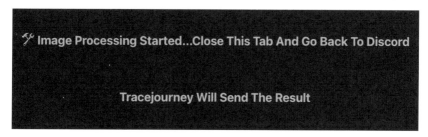

图5-74　提示框

图5-74表示Tracejourney正在合成图像，当Discord界面左上角出现数字提示后，就可以关闭网页，此时会看到合成图完成合成的提示，如图5-75所示。

图5-75　完成合成

图5-75中的图就是最终合成效果，可以看到样图很好地与产品图融合在一起了，并且考虑了褶皱和光影的变化。

5.10.5 "/url" 矢量化图像

Tracejourney 的 /url 指令用来将指定图像进行矢量化处理。指定图像包括两种：自己生成的图片或上传的图像链接。矢量化处理按钮如图 5-75 红色矩形框所示，分别为 Vectorize（矢量化）、Remove BG（移除背景）、Upscale（无损放大）、Get Tags（获取标签）、Convert（转换）、Quick Adjustments（快速调整）、Grid Split（网格分割）、Magic Expand（魔法展开）。

在输入框中输入 /url 指令，按下回车键发送指令，在输入框中输入图 5-47 的图像链接，读者可以上传或用自己的图像链接。输入链接后，按下回车键发送指令，生成结果如图 5-76 所示。

图 5-76　生成结果

单击图 5-76 中的"Vectorize"矢量化按钮，等待 Tracejourney 执行命令，生成 SVG 格式的结果，如图 5-77 所示。

图5-77 矢量化结果

单击图5-77中右下角的下载按钮，就可以获得图5-76中样图的SVG格式。然后直接在Photoshop或Illustrator等图像软件中用其进行大型打印印刷、产品包装设计和DIY设计等。

重复生成图5-76的操作，单击"Remove BG"移除背景按钮，等待Tracejourney执行命令，生成结果如图5-78所示。

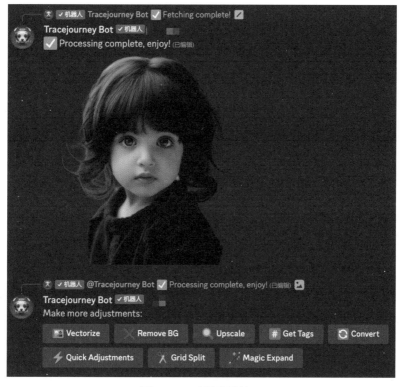

图5-78 移除背景结果

重复生成图5-76的操作，单击"Upscale"无损放大按钮，等待Tracejourney执行命令后，弹出提示窗口，如图5-79所示。

2x表示无损放大为原图的2倍，4x表示无损放大为原图的4倍。例如，如果原图尺寸为300×400，那么放大2×后生成图尺寸为600×800。

此时单击"2x"按钮，等待Tracejourney执行命令，弹出成功提示窗口，如图5-80所示。

图5-79　放大提示　　　　　　　　　　图5-80　成功提示

单击图5-80中的"Download"按钮，就可以去网页端下载无损的放大后的图像。注意：放大图像只会保留24小时，超过时间后无法下载。

重复生成图5-76的操作，单击"Get Tags"获取标签按钮，等待Tracejourney执行命令，弹出提示窗口，如图5-81所示。

如果读者需要获取指定图像的提示，建议使用/describe指令。

重复生成图5-76的操作，单击"Convert"转换按钮，等待Tracejourney执行命令，弹出提示窗口，如图5-82所示。

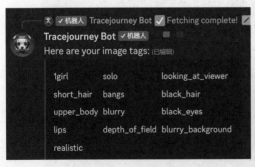

图5-81　标签提示　　　　　　　　　　图5-82　转换提示

图5-82中表示样图可转换的3种图像类型：JPEG、PNG、WEBP，读者根据

需要进行转换即可。

重复生成图5-76的操作，单击"Quick Adjustments"快速调整按钮，等待Tracejourney执行命令，弹出提示窗口，如图5-83所示。

图5-83中有4个按钮Brightness（亮度）、Contrast（对比度）、Color（颜色）、Sharpness（锐度）。如果我们想调节对比度，可以单击"Contrast"按钮，弹出参数窗口，如图5-84所示。

图5-83　快速调整提示

图5-84　参数调整

图5-84中的绿色按钮表示增加相应参数，红色表示减少相应参数，读者根据需要进行调节即可。重复生成图5-76的操作，单击"Grid Split"网格分割按钮，等待Tracejourney执行命令，弹出提示窗口，如图5-85所示。

图5-85　图像分割

图5-85中将样图切分为四块，每一块都可以单独放大，也可以批量进行矢量化、无损放大、移除背景、快速调整操作。注意：分割后进行任意一项操作，都相当于执行4条指令。

重复生成图5-76的操作，单击"Magic Expand"魔法展开按钮，等待Tracejourney执行命令，弹出提示窗口，如图5-86所示。

图5-86　魔法展开

图5-86中有4个按钮：Right（右）、Left（左）、Top（上）、Bottom（下），效果等同于图2-40中的方向键。选择图5-86中相应的按钮，会弹出输入提示框，读者根据需要添加拓展内容即可。

实操案例

本章将使用Midjourney完成IP盲盒设计、Logo设计、外包装设计等不同的实操案例。演示中不会详细解释参数、指令和操作的含义，读者请自行回顾复习。

本章将重点关注实现不同案例的高级提示设计，不会使用太多变化风格类参数，如"--s、--w、--c"等，读者可以自行尝试。

每一节案例中的提示，读者都可以拿过去直接使用，根据需要替换主体内容即可。请读者一定要记住：并不存在永远正确的提示，对于不同的案例和场景，只有多实践才能生成最满意的作品。

6.1 动物拟人化

以动物为主题制作拟人化作品，关键提示词是"拟人化"和"超现实主义"。

/imagine输入提示：

大熊猫，西装革履，贵族，酷，帅，绅士，眼镜，行走在中世纪的城市，全身拍摄，**拟人化**，**超现实主义** --v 5.2

按下回车键发送指令，生成作品如图6-1所示。

图6-1　生成作品

图6-1　生成作品（续）

修改提示主体内容，/imagine输入提示：

白猫，警服，帅气，哥谭市背景，**拟人化，超现实主义** --v 5.2

按下回车键发送指令，生成作品如图6-2所示。

图6-2　生成作品

继续修改提示主体内容，/imagine输入提示：

龙，摩托车，凶狠，哥谭市背景，拟人化，超现实主义 --v 5.2

按下回车键发送指令，生成作品如图6-3所示。

图6-3　生成作品

　　要想生成优秀的动物拟人化作品，一定要在提示中添加"拟人化"和"超现实主义"等提示词，然后尽可能清晰地描述拟人化后的角色的着装、职业、性格等。

提示模板:

主体内容:一定要在提示最开始指定动物名称及服装搭配等,可进行跨度较大的提示组合。

环境背景:描述动物所处环境的典型特征。

构图:可不指定。

视角:全身像或半身像等。

参考艺术家:可不指定。

风格:拟人化、超现实主义。

图像设定:V5.2。

6.2 设计不同风格的头像

设计不同风格的头像,需要使用--iw参数和垫图操作。准备一张自己的照片,如图6-4所示,并上传到Midjourney中。

图6-4　上传头像

如果想设计二次元或动画风格，推荐使用"迪士尼风格""卡通风格"等风格"提示。/imagine 提示：

图像链接 **迪士尼风格，人像** --iw 1 --v 5.2

按下回车键发送指令，生成作品如图6-5所示。读者可以将上面的图像链接换为自己的图像链接。

图6-5　生成作品

如果想要手绘风格，可以在提示中使用"手绘"和"素描"等提示词。/imagine 提示：

图像链接 **手绘，素描，人像** --iw 0.5 --v 5.2

按下回车键发送指令，生成作品如图6-6所示。

图6-6 生成作品

如果想要极简线条风格，可以在提示中使用"飞线涂鸦""平添插画"和"极简主义"等提示词。/imagine 提示：

图像链接 **飞线涂鸦，平添插画，极简主义** --iw 1 --v 5.2

按下回车键发送指令，生成作品如图6-7所示。

如果想要科技风格，可以使用"赛博朋克风格"等提示词。/imagine 提示：

图像链接 **赛博朋克风格** --iw 1 --v 5.2

按下回车键发送指令，生成作品如图6-8所示。

图6-7 生成作品

图6-8 生成作品

除了指定风格外，我们还可以添加细节提示，/imagine 提示：

图像链接 戴着VR眼镜，身后有迷人的烟火，赛博朋克风格 --iw 1 --v 5.2

按下回车键发送指令，生成作品如图6-9所示。

图6-9　生成作品

如果喜欢某个艺术家的风格，可以直接在提示中添加该艺术家的名字，如想要毕加索风格，/imagine 提示：

图像链接 毕加索风格 --iw 0.1 --v 5.2

按下回车键发送指令，生成作品如图6-10所示。

图6-10　生成作品

使用上述"--iw"参数结合垫图操作除了对人物头像进行设计，也可以对动物类头像进行设计。现在以很火的大熊猫"飞云"为例介绍，上传样图，如图6-11所示。

让飞云穿上宇航员的衣服，再加上"Q版""皮克斯风格""3D渲染"等提示，/imagine 提示：

图像链接 穿着宇航服，坐在太空船中，**Q版**，**皮克斯风格**，**3D渲染** –iw2 –v 5.2

图6-11　上传飞云图像

按下回车键发送指令，生成作品如图6-12所示。

图6-12　生成作品

通过添加新的提示内容，可以使头像产生更多样的风格。

提示模板：

主体内容：垫图，如果需要进行更多设计可以添加其他提示词。

环境背景：皮克斯风格、Q版、2D、3D、赛博朋克风格等。

构图：可不指定。

视角：可不指定。

参考艺术家：毕加索、达·芬奇等自己喜爱的艺术家名字。

图像设定：--iw、--v5.2。

6.3 动漫情侣头像

接下来我们使用Niji模块中的cute属性生成情侣头像，设置如图6-13所示。

图6-13　Niji设置

情侣头像最重要的是画风统一，很多时候情侣们会选一张图然后裁成两张，分别用其中一个做头像。使用Midjourney生成图像时，提示内容要包括"一位男生和一位女生"和"情侣/夫妇"等，/imagine输入提示：

一位男生和一位女生，情侣 可爱风格

按下回车键发送指令，生成作品如图6-14所示。

图6-14　生成作品

可以填入自己喜欢的动漫IP，举例如下。

Cardcaptor Sakura（魔卡少女樱）。

Sailor moon（美少女战士）。

Revolutionary Girl Utena（少女革命欧蒂娜）。

InuYasha（犬夜叉）。

Demon Slayer（鬼灭之刃）。

Detective Conan（名侦探柯南）。

例如，选择名侦探柯南风格，/imagine输入提示：

一男一女，情侣，**名侦探柯南风格**，可爱风格

按下回车键发送指令，生成作品如图6-15所示。

图6-15 生成作品

还可以在提示中增加更多细节，/imagine输入提示：

一位男生和一位女生，情侣，在森林中观看萤火虫，夏日夜晚，柔和的光线，可爱风格

按下回车键发送指令，生成作品如图6-16所示。

图6-16　生成作品

也可以试试不同的画风，如"像素风"，/imagine输入提示：

一位男生和一位女生，情侣，在森林中观看萤火虫，夏日夜晚，柔和的光线，像素风

按下回车键发送指令，生成作品如图6-17所示。

图6-17　生成作品

提示模板：

主体内容：一男一女，情侣，漫画IP，如果需要进行更多设计可以添加其他提示词。

环境背景：卡哇伊，可爱的，昭和风，像素风等。

构图：可不指定。

视角：对视。

参考艺术家：新海诚、宫崎骏等自己喜爱的艺术家。

图像设定：可以尝试不同的漫画风格。

6.4 3D盲盒及三视图设计

3D盲盒设计的关键提示词是"泡泡玛特""盲盒玩具""3D"及"干净背景"。

例如，我们设计小天使女孩的盲盒玩具，/imagine输入提示：

天使女孩，**泡泡玛特风格**，**3D**，**干净背景** --v 5.2

按下回车键发送指令，生成作品如图6-18所示。

图6-18 生成作品

增加提示内容，让形象更可爱一些，/imagine输入提示：

天使女孩，**明亮的眼睛，小白裙子，盲盒玩具**，泡泡玛特风格，3D，干净背景 --niji 5

按下回车键发送指令，生成作品如图6-19所示。

图6-19 生成作品

在提示中依次指定视角，如前视图、侧视图和后视图，修改提示：

天使女孩，明亮的眼睛，小白裙子，盲盒玩具，泡泡玛特风格，3D，干净背景，**侧视图** --niji 5

按下回车键发送指令，生成作品如图6-20所示。

图6-20 生成作品

提示模板：

主体内容：自行指定提示主体或漫画IP。

环境背景：泡泡玛特、盲盒玩具、3D，干净背景。

构图：可不指定。

视角：前视图、侧视图、后视图。

参考艺术家：可不指定。

图像设定：--v 5.2或--niji 5。

6.5 不同icon风格设计

icon指代计算机、手机等设备上的图标或标志，用来表示特定的功能或应用程序。最常见的图标，是线性图标，其关键提示词是"×××的线性图标"和"扁平化风格"。×××就是图标的主体，可以是动物、食物等具体事物的名称。

/imagine 输入提示：

熊猫的线性图标，扁平化风格，白色背景 --v 5.2

按下回车键发送指令，生成作品如图6-21所示。

图6-21　生成作品

如果是应用程序的图标，指令还可以是"应用图标"，/imagine输入提示：

熊猫的线性图标，**应用图标**，平面风格，白色背景 --v 5.2

按下回车键发送指令，生成作品如图6-22所示。

图6-22　生成作品

如果想要3D立体风格，可以添加提示"3D"和"逼真的"，/imagine输入提示：

熊猫的线性图标，**3D，逼真的**，平面风格，白色背景 --v 5.2

按下回车键发送指令，生成作品如图6-23所示。

图6-23　生成作品

如果想要短视频平台中那种更立体的礼物图标，可以添加提示"图标设计"和"UI"（用户界面），/imagine输入提示：

发射火箭，**图标设计**，**UI**，迪士尼风格，黏土，明亮，3D，白色背景，OC
渲染 --v 5.2

按下回车键发送指令，生成作品如图6-24所示。

图6-24　生成作品

可以将"发射火箭"换成玫瑰、跑车等自己需要的素材。例如，将图6-24提
示中的火箭变为"梦幻城堡"，其余保持不变，生成作品如图6-25所示。

图6-25　生成作品

提示模板：

主体内容：自行指定素材主体，如×××的线性图标、图标设计。

环境背景：3D、OC渲染，白色背景。

构图：可不指定。

视角：可不指定。

参考艺术家：可不指定。

图像设定：--v 5.2或 --niji 5。

6.6 不同风格Logo设计

Logo指组织、品牌、团体或产品的标志或商标，关键提示词是"Logo"。

例如，我们要为书店设计一个Logo，那么主体内容就是"书籍"，/imagine输入提示：

书籍，**Logo**，白色背景 --v 5.2

按下回车键发送指令，生成作品如图6-26所示。

图6-26 生成作品

再指定一些颜色，比如"浅粉色"，/imagine输入提示：

书籍，Logo，**浅粉色**，白色背景 --v 5.2

按下回车键发送指令，生成作品如图6-27所示。

图6-27 生成作品

还可以细化主体内容，比如"一本打开的书"，/imagine输入提示：

一本打开的书，Logo，浅粉色，白色背景 --v 5.2

按下回车键发送指令，生成作品如图6-28所示。

图6-28 生成作品

接下来使用"矢量画风"和"极简主义"使其更简约，/imagine输入提示：

一本打开的书，Logo，**矢量画风**，**极简主义**，白色背景 --v 5.2

按下回车键发送指令，生成作品如图6-29所示。

图6-29 生成作品

此外，还可以通过提示让书结合不同的元素，比如"打开的书与火焰"，/imagine输入提示：

打开的书与火焰，Logo，矢量画风，极简主义、白色背景 --v 5.2

按下回车键发送指令，生成作品如图6-30所示。

图6-30　生成作品

提示模板：

主体内容：自行指定素材主体。

环境背景：Logo、矢量画风、极简主义，白色背景等。

构图：可不指定。

视角：可不指定。

参考艺术家：可不指定。

图像设定：--v 5.2。

壁纸设计的简单化处理

手机壁纸和计算机壁纸唯一的区别是比例。常见手机壁纸是6:19，计算机壁纸一般是16:10或4:3。调整图像比例可以使用"--ar"参数，本节演示中我们将不会特意指定尺寸。

常见壁纸有人像、动物、植物、建筑、风景类，抽象类等风格类型。

"人像或者动物"类壁纸，如果有目标对象，可以将垫图操作与--ar参数结合使用，生成自己想要的图片。如果没有目标，可以根据Midjourney官方展板寻找灵感。

生成风景类壁纸时，直接输入想要的内容即可，如"空间星系背景"，/imagine输入提示：

空间星系背景 --v 5.2

按下回车键发送指令，生成作品如图6-31所示。

图6-31　生成作品

读者只需指定提示内容，剩下的交给Midjourney处理即可。

生成简约壁纸的第一种处理方式是使用"极简主义"等关键词，/imagine输入提示：

远古宫殿，**极简主义** --v 5.2

按下回车键发送指令，生成作品如图6-32所示。

图6-32 生成作品

极简主义等指令可以让整体作品非常有意境且简洁。

生成抽象类壁纸时，可以把主体内容定义为抽象的词，如"时间""空间"等，然后结合"极简主义"等词语生成，/imagine输入提示：

时间，*极简主义* --v 5.2

按下回车键发送指令，生成作品如图6-33所示。

再来试试"爱情"为主体，会生成什么样的效果，/imagine输入提示：

爱情，*极简主义* --v 5.2

按下回车键发送指令，生成作品如图6-34所示。

图6-33　生成作品

图6-34　生成作品

除了极简主义，还可以使用"抽象画"这一指令，/imagine 输入提示：

优雅的，**抽象画** --v 5.2

按下回车键发送指令，生成作品如图 6-35 所示。

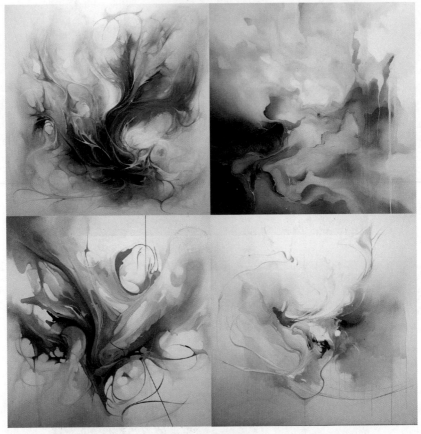

图6-35　生成作品

如果想让画面更加有视觉冲击力，/imagine 输入提示：

优雅的，**抽象画，喷射** --v 5.2

按下回车键发送指令，生成作品如图 6-36 所示。

生成抽象类壁纸还有一种处理方式是使用"差异化组合"方法，如生成毕加索风格的20世纪50年代的中国城市等，/imagine 输入提示：

中国20世纪50年代的城市，**毕加索绘画** --v 5.2

按下回车键发送指令，生成作品如图 6-37 所示。

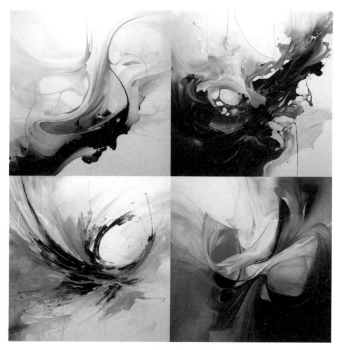

图6-36 生成作品

图6-37 生成作品

/imagine输入提示：

沙漠中的雪人，霓虹灯光 --v 5.2

按下回车键发送指令，生成作品如图6-38所示。

图6-38　生成作品

提示模板：

主体内容：自行指定素材主体。

环境背景：极简主义、抽象画、霓虹灯光等描述词。

构图：可不指定。

视角：可不指定。

参考艺术家：可不指定。

图像设定：--v 5.2。

6.8 制作表情包组图

表情包的常见类型是"二次元"风格，所以我们使用Niji服务器下的"Cute Style"（可爱风格），设置如图6-39所示。

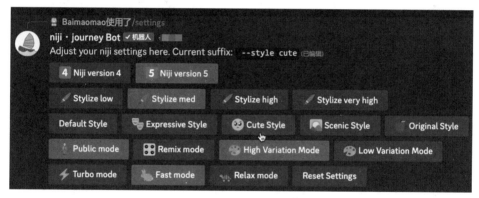

图6-39　niji设置

本节将围绕大熊猫制作一套表情包。如果我们要使一次生成的作品呈现不同的姿势和表情，可以输入提示"多个姿势和表情"及"表情包"，/imagine 提示：

大熊猫，多个姿势和表情，表情包，白色背景 -- 可爱风格

按下回车键发送指令，生成作品如图6-40所示。

如果生成作品中没有自己喜欢的形象，则修改提示内容或者单击"刷新"按钮。例如，如果我们比较喜欢图6-40的第三幅作品中的形象，就单击"V3"按钮生成该风格的更多作品，如图6-41所示。

图6-40　生成作品

图6-41　生成作品

　　如果此时还没有获得满意的表情包素材，可以再次单击"刷新"按钮，直到获得满意的素材为止。如果生成作品中有不需要的文字，可以使用"--no"参数，将多余的文字删除。

通过"U"按钮放大所需要的素材，然后打开Photoshop等软件，制作成如图6-42所示的表情包。

图6-42　表情包

重复上述操作就可以制作更多的表情包，然后将其上传到微信表情开放平台等表情包平台，就可以在聊天时使用了。

提示模板：

主体内容：所需的表情包主体、多个姿势和表情。

环境背景：白色背景。

构图：可不指定。

视角：可不指定。

参考艺术家：可不指定。

图像设定：--style cute，--no character。

6.9　果蔬食品类海报设计

果蔬食品类海报设计要用到的提示内容有"液体爆炸"和"商业摄影"等描述词，/imagine输入提示：

苹果，**液体爆炸**，**商业摄影**，黑色背景 --v 5.2

按下回车键发送指令，生成作品如图6-43所示。

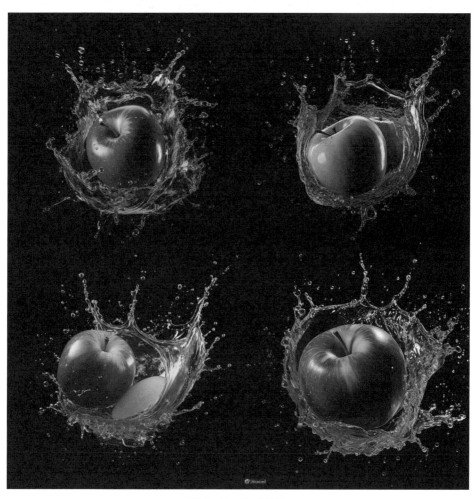

图6-43　生成作品

　　找到满意的作品，使用"U"按钮将其放大，然后打开Photoshop等软件，制作成如图6-44所示的海报。

　　如果生成作品中有不需要的文字，可以使用"--no"参数将不要的文字删除。将生成的主体换成"蛋糕"和"淡粉色背景"，/imagine输入提示：

　　蛋糕，液体爆炸，商业摄影，**淡粉色背景** --v 5.2，--no character

　　按下回车键发送指令，生成作品如图6-45所示。

图6-44　苹果海报

图6-45　生成作品

找到满意的作品，使用"U"按钮将其放大，然后打开Photoshop等软件，制作成如图6-46所示的海报。

图6-46　蛋糕海报

读者将主体内容换成自己需要的产品就能制作出相应的海报。

提示模板：

主体内容：自行指定素材主体。

环境背景：主体的背景颜色，液体爆炸、商业摄影。

构图：可不指定。

视角：可不指定。

参考艺术家：可不指定。

图像设定：--v 5.2，--no character。

6.10 食物类商业摄影

食品类摄影要用到的提示内容有"粉末爆炸""专业摄影""工作室灯光"等，/imagine 输入提示：

汉堡，粉末爆炸，工作室灯光，专业摄影 --v 5.2

按下回车键发送指令，生成作品如图6-47所示。

图6-47　生成作品

找到满意的作品，使用"U"按钮将其放大，然后打开Photoshop等软件，制作成如图6-48所示的海报。

图6-48　汉堡海报

如果生成作品中有不需要的文字，可以使用"--no"参数，如"--no character"将其删除。读者将主体内容换成自己需要的产品就能制作出相应的海报。

提示模板：

主体内容：自行指定素材主体。

环境背景：粉末爆炸、专业摄影、工作室灯光，相应的背景颜色。

构图：可不指定。

视角：可不指定。

参考艺术家：可不指定。

图像设定：--v 5.2，--no character。

6.11 人像摄影设计

人像摄影是一种拍摄人物肖像的摄影艺术，它的目的是通过捕捉人物的面部表情、身体姿势，来表现人物的情感、性格和个性特征。人像摄影可以通过不同的光线、背景、拍摄角度和处理技术来创造出不同的氛围和效果，让人物更加生动、鲜活、自然，并且人像摄影可以应用于不同的领域和场合，如婚礼摄影、艺术摄影、商业摄影、时尚摄影、纪念摄影等。

人像摄影本身没有固定的提示模板，只能提供一些参考，更多需要读者平时多积累，如看到喜欢的摄影风格后，通过"/describe"参数进行反推提示内容。接下来给出一些参考提示。/imagine输入提示：

一位23岁的美女在外面的绿草中漫步，童真，未来主义风格的动感运动，快照美学，跳跃，裁切，Pentax K1000 --v 5.2

按下回车键发送指令，生成作品如图6-49所示。

图6-49 生成作品

/imagine 输入提示：

美丽的亚洲女人，穿着黑色连衣裙，戴着一顶宽边帽，精致的黑白风格，名人形象混搭，迷人的凝视 --v 5.2

按下回车键发送指令，生成作品如图6-50所示。

图6-50　生成作品

/imagine 输入提示：

一个可爱的7岁中国女孩，高品质的滑翔伞，安全装备，海蓝，宝石蓝和日落金，高级时尚感，全身拍摄，专业摄影 --v 5.2

按下回车键发送指令，生成作品如图6-51所示。

图6-51 生成作品

/imagine输入提示：

穿着宇航服的女孩，当代现实主义肖像摄影风格，深绿色和浅米色，山区，
迷人的纪实照片 --v 5.2

按下回车键发送指令，生成作品如图6-52所示。

图6-52　生成作品

除了设置不同的提示风格外，还可以结合垫图与换脸操作创建更多样的人像摄影图片，读者可自行尝试。

 ## 6.12 荒诞场景设计

荒诞场景可分为三种类型：人物类、时间类、空间类。

人物类荒诞场景的核心是"有违常理"。例如，我们认为科学家都是朴素低调的，通过Midjourney就可以让其融合不同的风格。

/imagine输入提示：

史蒂芬·威廉·霍金穿着中国传统服装 --v 5.2

按下回车键发送指令，生成作品如图6-53所示。

图6-53　生成作品

Midjourney自动按照"霍金"一贯坐着的形象来生成图片。如果想让年轻的霍金站起来，修改提示内容：

史蒂芬·威廉·霍金穿着中国传统服装，年轻帅气，微笑着漫步街头 --no wheelchair（排除轮椅）--v 5.2

按下回车键发送指令，生成作品如图6-54所示。

图6-54　生成作品

时间类荒诞场景的核心是"让过去的人/物做现在的事或者相反的事"，如让兵马俑在办公室玩游戏等。

/imagine输入提示：

兵马俑，坐在办公室，玩游戏 --v 5.2

按下回车键发送指令，生成作品如图6-55所示。

图6-55 生成作品

空间类荒诞场景的核心是"组合不可能"，比如在月球上漫步的熊猫。

/imagine输入提示：

熊猫，漫步在月球 --v 5.2

按下回车键发送指令，生成作品如图6-56所示。

还可以结合"Old photo"指令，制作老照片的效果，比如，生成人和龙的合影，

/imagine输入提示：

一位年轻中国女孩骑着一条龙，老照片 --v 5.2

按下回车键发送指令，生成作品如图6-57所示。

·Midjourney 从新手到高手

AI 绘画实战

图6-56　生成作品

图6-57　生成作品

提示模板：

主体内容：自行指定素材主体、反差化的提示内容。

环境背景：可以根据需要尝试组合不同的环境和背景内容。

构图：可不指定。

视角：可不指定。

参考艺术家：可不指定。

图像设定：--v 5.2。

6.13 香水玻璃类包装设计

香水玻璃类包装设计要用到的提示内容有"通透感"和"×××的产品摄影"。以香水为例，/imagine输入提示：

香水产品摄影，**通透感**，逼真明亮的背景 --v 5.2

按下回车键发送指令，生成作品如图6-58所示。

修改提示：

红酒产品摄影，通透感，逼真明亮的背景 --v 5.2

按下回车键发送指令，生成作品如图6-59所示。

图6-58 生成作品

图6-59　生成作品

提示模板:

主体内容: ×××的产品摄影, 根据产品特色新增其他提示。

环境背景: 通透, 逼真明亮的背景。

构图: 可不指定。

视角: 可不指定。

参考艺术家: 可不指定。

图像设定: --v 5.2。

微缩景观类设计要用到的提示内容包括"微缩景观"和"×××地的等距视图"。以上海为例，/imagine输入提示：

上海的等距视图，**微缩景观** --v 5.2

按下回车键发送指令，生成作品如图6-60所示。

图6-60　生成作品

如果想要使生成的图片动画风格更强烈，可以添加材质提示"黏土定格动画"，修改提示：

上海的等距视图，微缩景观，**黏土定格动画** --v 5.2

按下回车键发送指令，生成作品如图6-61所示。

图6-61　生成作品

还可以生成毛毡质感的微缩景观，修改提示：

上海的等距视图，微缩景观，**毛毡** --v 5.2

按下回车键发送指令，生成作品如图6-62所示。

图6-62 生成作品

提示模板:

主体内容:×××的等距视图。

环境背景:微缩景观、黏土定格动画、毛毡等。

构图:可不指定。

视角:可不指定。

参考艺术家:可不指定。

图像设定:--v 5.2。

6.15 绘本设计

生成绘本的重点在于如何设计好一个故事，以及使用"插图"和"儿童图画书"等提示配合垫图使人物保持一致。

例如，有如下故事：小熊猫"橙子"有很多的粉色气球，突然气球飞走了几只，橙子开心地追着气球玩耍。气球越飞越高，越飘越远，橙子这才突然发现自己在森林里迷路了。万幸橙子遇到了小白猫"毛毛"，找到了回家的路。

直接输入完整的故事，Midjourney是没办法帮我们绘制出图像的。我们需要将上面的故事，依次拆分为不同的提示主体，然后通过指定艺术家，来保证风格的一致，比如借鉴创造了小熊维尼形象的英国知名插画师E. H. Shepard。

/imagine输入提示：

熊猫手中有很多粉色气球，插图，儿童绘本，E. H. Shepard --v 5.2

按下回车键发送指令，生成作品如图6-63所示。

图6-63　生成作品

图6-63是通过"U"操作放大的满意作品。如果没有遇到满意的，继续刷新重新生成即可。

继续创建其他故事，/imagine输入提示：

熊猫手中有很多粉色气球，飞走了几只粉色气球，插图，儿童绘本，E. H. Shepard --v 5.2

按下回车键发送指令，生成作品如图6-64所示。

图6-64　生成作品

/imagine输入提示：

熊猫，追逐飞走的粉色气球，在森林中，插图，儿童绘本，E. H. Shepard --v 5.2

按下回车键发送指令，生成作品如图6-65所示。

/imagine输入提示：

在森林里，晚上，熊猫迷路了，插图，儿童绘本，E. H. Shepard --v 5.2

按下回车键发送指令，生成作品如图6-66所示。

图6-65 生成作品

图6-66 生成作品

/imagine 输入提示：

在森林里，晚上，熊猫，遇到一只白色猫咪，插图，儿童绘本，E. H. Shepard --v 5.2

按下回车键发送指令，生成作品如图6-67所示。

图6-67 生成作品

/imagine 输入提示：

熊猫坐在沙发上，开心，插图，儿童绘本，E. H. Shepard --v 5.2

按下回车键发送指令，生成作品如图6-68所示。

图6-68 生成作品

在生成绘本时，为了保证故事的连贯性，需要做两件事：

第一，对主体加以描述；第二，选择某个固定艺术家的风格。

提示模板：

主体内容：绘本主角。

环境背景：插图、儿童绘本。

构图：可不指定。

视角：根据需要指定。

参考艺术家：E. H. Shepard、Elsa Beskow（瑞典知名插画师）、Yoshitaka Amano（游戏《最终幻想》的插画师）、Alison Bechdel（美国漫画家，画风简洁）、Daniel Clowes（擅长绘制美式漫画）。

图像设定：V5.2。

Chapter
07
第 7 章

其他

7.1 如何赚取免费时长

单击 Midjourney 网站或 Discord 中任何可放大的图像上的笑脸按钮进行作品评级。每天，评级排名前 1000 名的用户将获得 1 小时免费的快速模式时间。评级作品可以是自己的作品或者他人的作品。评级高的作品可能会出现在社区动态的流行板块中。

奖励时间自发放日起 30 天后到期。

7.2 提示中词语顺序是否影响作品效果

提示中词语顺序会影响结果，越靠前的词，对作品影响越大。所以第 5 章的进阶操作及第 6 章案例中都会将主体内容放在提示的最前面。

此外，Midjourney 官方给出了以下建议。

避免重复词语：在同一条提示中不要写多个意思相同的词。
使用具体的词语：词语越具体，生成的图片越符合提示要求。
使用短句：不要像写英文作文那样使用定语从句、长难句，要使用短句。

7.3 参数设置和 /settings 设置的优先级

使用 /settings 指令进行版本或功能设置，相当于设置了 "默认" 选项，如在提示中添加 "--v 5.2"，如果不进行新的设置，则按照 V 5.2 版本生成作品。如果在新的提示中设置使用 "--v 5.1"，那么当前就会按照 V 5.1 版本生成作品，完成后默认设置仍然是 V 5.2 版本。

7.4 4K、8K、HD等提示词有用吗？

在提示中添加"4K, 6K, 8K, 16K, 超清, 虚拟, v-ray, 亮度, 超清（HD）, HDR, HDMi, 高分辨率, dp, dpi, ppi, 1080p"，弊大于利。

加入这些词，反而会破坏提示，特别是会破坏一些摄影场景的效果，所以Midjourney官方建议去掉这些词，在本书中也没有使用这些词，如果需要高质量效果可以使用"--q"参数进行设置。

7.5 --c、--s和--w参数的区别

--c参数：控制初始生成图像彼此之间的差异程度。

--s参数：控制默认风格化的程度。

--w参数：控制图像的异常程度。

7.6 变现方式

使用Midjourney变现的方式有以下5种。

（1）小红书壁纸变现：通过开设店铺吸引粉丝购买壁纸，或者引流到小程序进行免费图片下载，用户每下载1张图片创作者可获得约0.3元的收益。

（2）抖音壁纸变现：引导用户进入小程序下载壁纸，同时随着粉丝数量的增长，还可以进行其他形式的变现，如挂载音乐小程序、接广告、接任务等。

（3）头像变现：使用Midjourney绘制用户喜欢的头像，并引导用户购买或下载。也可以定制头像，根据用户提供的图片生成不同风格的头像。

（4）提示词变现：将自己的提示词上传到相关网站进行变现，也可以通过电商平台销售提示词。

（5）课程变现：结合Midjourney和专业知识，开设课程进行变现。例如，将产品摄影与Midjourney相结合，发布高质量作品实现高额变现。

这些是使用Midjourney进行变现的一些常见示例。请注意，变现方式的选择应基于读者的兴趣、专业知识和资源能力，以上仅供参考。

7.7 Midjourney是否允许用户出售个人服务器生成的作品？

付费用户可以任意出售自己创建的艺术作品。免费的Midjourney用户无法出售他们的AI艺术作品，因为根据Midjourney的服务条款，这些图像没有商业许可。

7.8 个人服务器生成作品可以做商业用途吗？

付费会员可以将个人服务器生成的作品用于商业活动中，非付费会员只有获得CCBY-NC4.0许可（署名-非商业性使用）后，才可以免费将生成的图像用于个人和非商业用途，但他们不拥有这些图像作品的版权。

7.9 个人服务器生成作品是否拥有独家所有权？

任何会员都不拥有独家所有权。

由于Midjourney本身不提供独家许可（你的作品可以出售，但Midjourney可以免版税将该作品用于宣传目的），你可能无法在需要独家许可的地方出售你的

Midjourney作品。

　　如果不介意Midjourney使用自己的作品进行宣传，可以无视这一条规定。

　　用户可以通过二次创作的方式，降低相似度，从而避开侵权风险，这时你才真正拥有独家所有权。